高等职业教育公共基础课系列教材

# 信息技术（WPS 2019 版）

主　编　杨竹君　赵春宇　赵　雨
副主编　陈　斌　齐　豫　吕　航
　　　　吴奕瑶　赵新萍
主　审　李东兵　王岫石　张广磊

科学出版社
北　京

# 内 容 简 介

本书是一本全面且实用的计算机应用知识学习教材，内容全面，从理论到实践，注重结合高等职业教育特点，以培养学生操作技能与思维能力为目标。本书涵盖 Windows 系统操作、文档处理、电子表格处理、演示文稿制作、新一代信息技术概述、信息检索与信息素养等六个项目，旨在帮助读者掌握计算机基础知识和应用技能。

本书可作为高等职业院校学生的教材，也可供对计算机应用感兴趣的读者使用和学习，以提升计算机操作水平，适应数字化时代需求。

**图书在版编目（CIP）数据**

信息技术：WPS 2019 版 / 杨竹君, 赵春宇, 赵雨主编. -- 北京：科学出版社, 2024. 11. --（高等职业教育公共基础课系列教材）. -- ISBN 978-7 -03-080927-8

Ⅰ. TP3

中国国家版本馆 CIP 数据核字第 2024959FJ5 号

责任编辑：戴 薇 李程程 / 责任校对：王万红
责任印制：吕春珉 / 封面设计：东方人华平面设计部

科 学 出 版 社 出版
北京东黄城根北街 16 号
邮政编码：100717
http://www.sciencep.com

三河市中晟雅豪印务有限公司印刷
科学出版社发行 各地新华书店经销
*
2024 年 11 月第 一 版 开本：787×1092 1/16
2025 年 8 月第二次印刷 印张：16
字数：380 000
定价：66.00 元
（如有印装质量问题，我社负责调换）
销售部电话 010-62136230 编辑部电话 010-62135763-2030

# 前　　言

在信息技术日新月异的今天，计算机已经成为现代社会不可或缺的一部分，它不仅深刻改变了人们的工作方式、学习方式，还极大地丰富了人们的生活。随着"互联网+""大数据""人工智能"等新兴技术的蓬勃发展，掌握计算机基础知识和应用技能已成为每一位高等职业院校学生必备的能力之一，鉴于此，编者精心编写了本书。全书共六个项目，依次为 Windows 系统操作、文档处理、电子表格处理、演示文稿制作、新一代信息技术概述、信息检索与信息素养，旨在为学生提供一本全面、实用、紧跟时代步伐的计算机教材。

在本书编写过程中，编者充分考虑了高等职业教育的特点，注重理论与实践的结合，力求做到以下几点。

（1）内容全面，体系合理。本书涵盖计算机基础知识、操作系统使用、WPS 办公软件应用、计算机网络基础、信息安全与伦理等多方面内容，形成了一个完整的知识体系，旨在帮助学生构建扎实的计算机基础学习框架。

（2）实用性强，注重操作。编者深知高等职业教育强调技能培养的重要性，因此在内容设计上特别注重实践操作环节，通过详细的案例分析、条理清晰的实践操作指南，帮助学生快速掌握计算机的实际应用技能。

（3）紧跟技术前沿。鉴于信息技术的快速发展，本书在内容上力求紧跟技术前沿，介绍了最新的 WPS 软件版本、技术标准和创新行业趋势，确保学生所学知识与市场需求无缝对接。

（4）强化思维能力培养。除了操作技能外，本书还注重培养学生的逻辑思维能力、问题解决能力和创新意识，通过项目式学习、问题导向的教学方法，引导学生主动思考、积极探索，为未来的职业发展打下坚实的基础。

（5）适应多元化学习需求。考虑到学生背景的多样性，本书在语言表述上力求通俗易懂，同时配套了丰富的在线资源，包括视频教程、习题库、在线论坛等，以满足不同学习风格和需求的学生。本书配套素材和相关资源可登录 www.abook.cn 网站下载。

编者衷心希望通过本书的学习，学生能在计算机的世界里找到属于自己的舞台，无论是成为技术精英，还是利用信息技术提升工作效率，都能在这个数字化时代中乘风破浪，勇往直前。同时，编者也期待广大师生在使用过程中提出宝贵意见，以便不断完善本书，共同推动高等职业院校计算机基础教育的发展。

本书由杨竹君、赵春宇、赵雨担任主编，由陈斌、齐豫、吕航、吴奕瑶、赵新萍担任副主编，由李东兵、王岫石、张广磊担任主审。

最后，感谢所有参与本书编写、审校工作的同人，以及给予支持和帮助的各界朋友，是你们的辛勤付出，使本书得以顺利面世。愿本书能成为每一位读者成长道路上的良师益友。

# 目　　录

# Windows 系统操作

Windows 操作系统在全球范围内被广泛应用，其凭借着直观且友好的图形界面设计，极大地降低了用户的学习成本，即使是初次使用的新手也能轻松上手。Windows 操作系统的资源管理器功能强大，可高效管理文件和文件夹，进行分类、查找等操作；也具有卓越的多任务处理能力，可支持多个程序同时运行，提高工作效率；还拥有丰富多样的软件生态系统，涵盖各类办公、娱乐、设计软件等，满足不同用户需求。Windows 系统不断更新迭代，安全性与稳定性得到提升，使用户数据更加安全。无论是办公学习还是娱乐休闲，Windows 系统都能提供便捷操作与丰富体验。

## 任务一　Windows 系统设置与网络管理

### ⚡ 任务概述

小李同学是一名即将毕业的大学生，他应聘了一份办公室行政工作，以实习生的身份在岗位上接受锻炼。上班第一天，他发现公司所有的计算机操作系统都是 Windows 11 版本，与之前在学校使用的 Windows 7 操作系统存在较大差异。为了提高工作效率，必须要尽快熟悉 Windows 11 操作系统的使用，系统设置与网络管理是小李同学首先需要掌握的内容。

### ⚡ 任务目标

📖**知识目标**

1. 了解 Windows11 操作系统的个性化设置内容。

2. 熟悉 Windows11 操作系统下的网络管理内容。

📖**技能目标**

1. 学会 Windows11 操作系统的参数设置。

2. 通过 Windows11 操作系统对网络进行管理。

📖**素养目标**

1. 培养独立解决问题的能力。在面对 Windows 系统设置和网络管理中的各种技术问题时，能够运用所学知识和技能，进行系统分析和故障排查，从而制定合理的解决方案。

2. 培养创新思维。敢于尝试新的技术方法和工具，优化系统设置和网络管理策略，提高工作效率和网络性能。

## ⚡ 实践训练

### 一、桌面的个性化设置

步骤 1：在桌面的空白处右击，在弹出的快捷菜单中选择"个性化"选项，如图 1-1-1 所示。

图 1-1-1　选择"个性化"选项

步骤 2：在"设置"窗口的"个性化"菜单中选择"背景"选项，进入"背景"窗口，如图 1-1-2 所示。

图 1-1-2　"背景"窗口

步骤 3：单击"浏览"按钮，弹出"选择文件夹"对话框，从中选取任意一张图片都可以设置为桌面背景（图 1-1-3）。如果用户希望将自己喜欢的图片设置为桌面背景，可以提前将图片存储在计算机中，然后在设置背景时选择自己喜欢的那张图片。

图 1-1-3　选择背景图片

## 二、计算机连接上网

步骤 1：单击桌面右下角 Wi-Fi 网络图标，打开如图 1-1-4 所示的菜单。

图 1-1-4　连接网络菜单

步骤 2：在无线局域网列表中，单击需要连接的网络，选中"自动连接"复选框，然后单击"连接"按钮，如图 1-1-5 所示。

步骤 3：在网络名称下方的"输入网络安全密钥"文本框中输入在路由器上设置的密码，单击"下一步"按钮，如图 1-1-6 所示。

图 1-1-5　选择要连接的网络

图 1-1-6　输入网络密码

步骤 4：密码验证成功后即可连接到网络，在连接的网络名称下方显示"已连接，开放"字样。如果不想继续使用该网络，单击"断开连接"按钮即可，如图 1-1-7 所示。

图 1-1-7　网络连接成功

## 相关知识

### 一、Windows 操作系统简介

操作系统是管理计算机硬件与软件资源的计算机程序，属于系统软件，它就像一个"大管家"，负责协调计算机的各个部件，使它们能够有条不紊地工作。当用户打开一个

应用程序时，操作系统会为它分配内存空间、中央处理器（central processing unit，CPU）处理时间等必要资源，以确保程序能够正常运行。

　　Windows 操作系统是美国微软公司以图形用户界面为基础研发的操作系统系列。起初仅仅是 Microsoft-DOS 之下的桌面环境，后续版本不断更新升级，逐渐发展成为功能强大的操作系统，如 Windows 95 让普通用户更容易使用计算机，得到了广泛的认可和推广使用。之后的 Windows XP、Windows 7 等版本也都取得了巨大的成功，成为不同时期个人计算机操作系统的代表。目前人们常用的 Windows 10 操作系统于 2015 年发布，融合了多种新特性，重新引入了"开始"菜单等受欢迎的元素，还提供了 Cortana 个人助理、Edge 浏览器、多桌面、任务视图等功能。最新的操作系统版本 Windows 11 于 2021 年推出，增强了安全性和其他性能，在界面设计和功能上也有了进一步的改进。

　　Windows 操作系统具有多种功能，主要包含用户界面管理、文件管理、程序管理、系统安全管理、网络管理等。

## 二、Windows 11 操作系统设置

　　Windows 11 操作系统的设置系统是一个功能丰富且至关重要的系统管理中心，它犹如操作系统的指挥枢纽，对计算机的各个方面进行精细调控，以满足用户多样化的需求并确保系统的稳定高效运行。单击任务栏左下角的"开始"按钮，打开"开始"菜单，单击"设置"图标，进入系统设置界面，在搜索文本框中输入"控制面板"，打开"控制面板"窗口，如图 1-1-8 和图 1-1-9 所示。

图 1-1-8　在系统设置界面搜索"控制面板"

图 1-1-9　"控制面板"窗口

Windows 系统提供了一个全面而强大的设置工具，为用户打造个性化、安全、高效的计算机使用环境。以下对 Windows 11 操作系统设置界面的各主要功能进行简单描述，方便快速了解 Windows 11 操作系统。

1）主页

该选项界面通常作为设置的起始页面，提供系统状态概览和快速访问常用设置的入口。

2）系统

该设置选项用于调整屏幕分辨率、缩放比例、刷新率等显示参数；控制音量大小，选择音频输出和输入设备，设置声音方案；切换电源模式，设置屏幕关闭时间和睡眠时间等节能参数；查看磁盘使用情况，管理磁盘空间，设置自动清理临时文件等；配置虚拟桌面、窗口排列方式和任务视图等多任务操作相关功能。

3）蓝牙和其他设备

该设置选项用于添加和管理蓝牙设备，如蓝牙耳机、蓝牙鼠标、蓝牙键盘等；同时能对已连接的外部设备（如 USB 设备）进行设置和管理，包括查看设备属性、更新驱动程序等。

4）网络和 Internet

该设置选项用于查看网络连接状态与数据使用量，Wi-Fi 的搜索、连接和管理，以太网的参数配置，虚拟专用网（virtual private network，VPN）连接的添加与管理，拨号网络设置，代理服务器的配置等，方便用户管理网络连接。

5）个性化

用户通过选择不同的主题来改变系统外观，可以自定义桌面壁纸（如设置幻灯片放映）；还能调整颜色和透明效果，对锁屏界面进行设置，以及灵活地配置任务栏和"开始"菜单样式，满足用户个性化需求。

6）应用

应用功能主要包括应用的安装、卸载和更新管理。用户可以方便地从应用商店或其他来源安装程序，卸载不需要的应用以节省空间。同时，还能设置各类文件的默认应用程序，以及安装和管理如.NET Framework 等可选功能。

7）帐户

帐户选项的主要功能是管理用户帐户。可以添加新用户或删除已有用户，还能设置帐户类型，如管理员帐户或标准用户帐户。另外，提供了多种登录选项，包括密码、个人标识码（personal identification number，PIN）、指纹识别、面部识别等，增强帐户安全性。

8）时间和语言

该选项设置用于调整系统时间、日期和时区；添加和切换语言，设置默认输入法和语言显示顺序。

9）游戏

该选项设置用于开启或关闭游戏模式，优化游戏性能，减少游戏过程中的系统资源占用。

10）辅助功能

辅助功能意在提升特殊用户的体验，如通过视觉辅助设置高对比度模式、放大镜、屏幕阅读器等，帮助视觉障碍用户使用计算机；通过听觉辅助设置调整系统音量、设置字幕等，辅助听觉障碍用户使用；也可以通过其他辅助功能对键盘和鼠标的辅助操作进行设置，方便肢体障碍用户使用。

11）隐私和安全性

隐私设置允许用户精细管控应用对位置、摄像头、麦克风、通讯录等个人信息的访问权限。安全中心则提供全面防护，可开启或关闭实时保护、病毒和威胁防护及防火墙等功能，能进行系统扫描检测恶意软件，还可更新安全定义以应对新型网络威胁，同时支持设备加密，保障数据在设备丢失或被盗时的安全性，为用户营造安全可靠的系统使用环境。

12）Windows 更新

该选项设置用于自动检查并获取系统更新，包括安全补丁、功能改进及驱动程序更新等。用户可查看更新历史记录，了解过往更新详情；还能设置更新的安装时间与方式，如选择自动安装或手动下载安装，确保系统持续优化性能、增强安全性并获得最新功能体验，使计算机保持良好运行状态。

### 三、网络管理

Windows 11 操作系统提供了多种网络管理方法，方便用户对网络进行管理与设置。

#### 1. 网络连接设置

有线网络连接：将网线插入网卡接口后，Windows 系统会自动识别并尝试与有线网络建立连接。用户可以在"控制面板"的"网络和 Internet"选项中，选择左侧菜单栏中的"高级网络设置"选项，单击"更多网络适配器选项"按钮，在打开的对话框中选中"Internet 协议版本 4 (TCP/IPv4)"复选框，如图 1-1-10 所示。在这里可以设置 IP 地址、子网掩码、网关、域名服务器（domain name server，DNS）等参数。如图 1-1-11 所示，如果是自动获取 IP 地址，系统会通过动态主机配置协议（dynamic host configuration protocol，DHCP）服务器自动分配相关网络参数；如果需要手动设置，可在此处进行相应的配置。

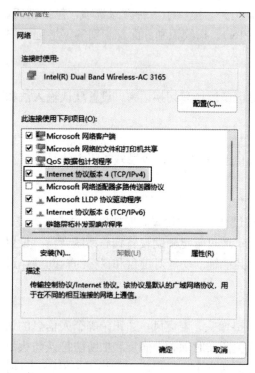

图 1-1-10　选中"Internet 协议版本 4 (TCP/IPv4)"　　　　图 1-1-11　设置 IP 地址
　　　　　　 复选框

无线网络连接：单击任务栏右下角的无线网络图标，系统会列出附近可连接的无线网络，选择要连接的网络后，输入正确的密码即可连接。

2. 网络安全管理

Windows 操作系统自带防火墙功能，可以阻止未经授权的网络访问来抵御外部网络的攻击，保护数据安全。在"控制面板"的"系统和安全"界面，单击"Windows Defender 防火墙"按钮，打开"Windows Defender 防火墙"窗口，如图 1-1-12 所示。在这里可以设置启用或关闭防火墙，也可以设置允许或阻止特定的程序或端口的网络访问，还可以在高级设置中配置入站规则和出站规则，以增强系统的安全性。

此外，Windows 11 操作系统内置了 Microsoft Defender 防病毒软件。该软件具备实时保护功能，能够实时监测系统运行状况，抵御各类潜在威胁，同时还可进行恶意软件扫描，深度排查系统中的有害程序。其默认处于开启状态且会自动运行，为系统安全默默保驾护航。用户若要对其进行管理操作，可进入 Windows 安全中心的"病毒和威胁防护"窗口。如图 1-1-13 所示，用户在此处能够便捷地执行快速查杀任务，迅速扫描并清除可能存在的病毒隐患，还可以检查并确保实时保护等关键功能处于正常开启状态，从而全方位地保障系统免受病毒与恶意软件的侵扰。

图 1-1-12　　"Windows Defender 防火墙"窗口

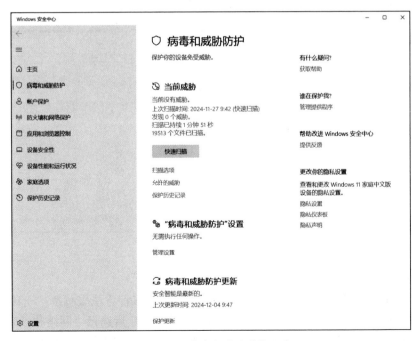

图 1-1-13　　"病毒和威胁防护"窗口

### 3. 网络监控和故障排查

在 Windows 操作系统中，网络监控主要是通过实时检测网络状态和数据传输详情来了解各程序的网络资源占用情况，进而科学分配带宽，也能敏锐地捕捉到网络异常；网络故障排查则是在网络遭遇诸如无法连接、速率迟缓等故障之际发挥关键效用，借助基本检查、重置网络设置、检查设备硬件和驱动程序更新等排查举措，快速锁定问题并解决，促使网络恢复正常运行，最大程度减少网络故障给工作、学习以及生活带来的不利干扰。

打开网络监控的方法如下。

（1）在"设置"窗口单击"网络和 Internet"按钮，选择"高级网络设置"选项，再单击"数据使用量"按钮。

（2）如图 1-1-14 所示，在右面板的左上角可以看到总数据使用情况，还可以通过单击右上角的"筛选条件"下拉按钮，在打开的下拉列表中选择要检查统计信息的时段，如 24 小时、7 天和过去 30 天等，同时也能查看应用程序和服务的数据使用统计信息。

（3）单击右上角的"输入限制"按钮，可以设置数据使用限制，通过在"每日""每周""每月""一次性""无限制"之间进行选择来设置"限额类型"，并设置限额何时重置或到期，输入数据限制后单击"保存"按钮。

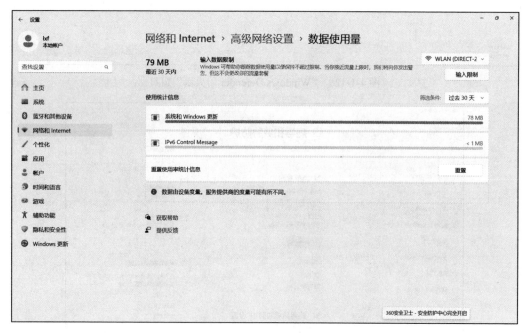

图 1-1-14　网络监控

网络故障排查的方法如下。

在 Windows 11 操作系统中，当网络出现故障时有多种方法来解决。一种常见的方法是右击任务栏中的网络图标（Wi-Fi 或以太网图标），然后选择"网络和互联网设置"选项，打开"设置"窗口，在"高级网络设置"栏中选择"网络疑难解答"选项。还可以使用命令提示符中的一些网络命令，如使用"ipconfig"命令查看 IP 地址配置、使用"ping"命令测试网络连接等。

## 关联图谱

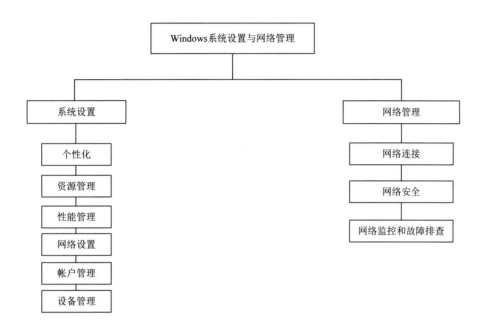

## 自测习题

### 一、选择题

1. Windows 操作系统中帐号管理的功能不包括（　　）。
   A. 更改帐号类型　　　　　　　B. 删除帐号密码
   C. 复制帐号　　　　　　　　　D. 创建新帐号

2. 以下关于 Windows 操作系统网络管理的说法，正确的是（　　）。
   A. 在 Windows 操作系统中，无法手动设置 IP 地址，只能依靠路由器的 DHCP 自动分配
   B. Windows 操作系统的网络重置功能，只会重置当前连接的无线网络设置，不会影响有线网络
   C. 要查看网络连接详细状态，可通过右击任务栏网络图标，选择"网络和 Internet 设置"，进入后单击"高级网络设置"中的"网络连接"按钮进行查看
   D. 在 Windows 操作系统中，一旦开启防火墙，所有外来网络访问都会被彻底阻断，包括合法的软件更新请求

3. 下面关闭窗口的基本操作不正确的是（　　）。
   A. 打开应用程序窗口的"文件"菜单，选择"关闭"命令

B. 双击应用程序窗口左上角的控制菜单按钮，打开控制菜单，选择"关闭"命令

C. 按"Alt+F4"组合键可以关闭当前程序窗口

D. 按"Ctrl+F4"组合键可以关闭多窗口程序中的当前窗口

4. 桌面主题是一组预定义的窗口元素，它们让用户可以将计算机个性化，使之有别具一格的外观，用户可以对桌面进行个性化主题设置，主题不会影响到的元素是（    ）。

A. 图标            B. 字体            C. 背景            D. 分辨率

5. 下列不属于 TCP/IP 参数的是（    ）。

A. IP 地址        B. 子网掩码        C. 默认网关        D. 计算机名称

6. 目前常用的服务器端网络操作系统是（    ）。

A. Windows XP    B. Windows 3.1     C. Windows 10     D. DOS

7. 在一个 Windows 网络中，执行打印工作的物理设备是（    ）。

A. 打印设备       B. 打印驱动程序     C. 打印机池       D. 打印机

8. （    ）命令可以查看主机的 IP 地址。

A. ping          B. ipconfig        C. mkdir          D. arp

## 二、简答题

1. 如何在 Windows 操作系统中更改桌面背景？

2. 在给 TCP/IP 网络中的主机分配 IP 地址时，为什么推荐使用自动获取 IP 地址的方法？

# 任务二    Windows 文件管理与软件应用

### ⚡ 任务概述

小李同学在公司实习期间，存储了不同类型的文档，有工作中的文件资料、各类 PPT、大量公司环境图片、各种各样的工作软件等，小李的计算机桌面上文件杂乱无章，寻找文件成为一件令小李同学头疼的事情。他决定通过 Windows 的文件管理功能对各类文件进行有序存储，从而提高办公效率。

### ⚡ 任务目标

**📖 知识目标**

1. 掌握文件管理的方法。

2. 熟悉软件应用的基本过程。

**📖 技能目标**

1. 掌握 Windows 操作系统文件管理的核心技能，包括文件的创建、编辑、存储、查找、备份与恢复等，以确保文件的安全性和完整性。

2. 熟练运用 Windows 操作系统中的各类常用软件，如办公软件、图像处理软件等，以满足不同场合的需求。

3. 能够根据实际需求进行软件的安装、卸载、更新与配置，优化软件性能，解决常见的软件使用问题，提高工作效率，提升用户体验。

📖素养目标

1. 养成良好的文件管理和软件应用习惯。遵循相关规范和最佳实践操作方法，提高计算机系统的整体稳定性和可靠性，降低数据丢失和系统故障的风险。

2. 形成良好的计算机使用习惯和信息管理意识。能够不断学习和适应新的软件和技术，为个人职业发展提供有力支持。

⚡ **实践训练**

## 一、安装软件

步骤 1：下载安装包。打开浏览器，输入 WPS Office 官方网址"www.wps.cn"，进入官网后单击"更多下载"下拉按钮，在打开的下拉菜单中会看到适配不同操作系统的 WPS Office 版本，如图 1-2-1 所示，根据自身需求选择对应的版本进行下载。

图 1-2-1　下载安装包

步骤 2：运行安装包。下载完成后，在计算机的下载文件夹中找到安装包文件，其扩展名为.exe，双击打开，如图 1-2-2 所示。

图 1-2-2　运行安装包

步骤 3：开始安装。设置好安装路径和安装选项后，单击"立即安装"按钮（图 1-2-3），即可开始安装。安装时间取决于计算机配置和安装包的大小，在此过程中需保持网络连接稳定，以便安装程序能够顺利下载和安装必要的组件。

图 1-2-3　安装软件

## 二、卸载软件

步骤 1：打开"开始"菜单，搜索"控制面板"。单击"控制面板"，进入"控制面板"窗口，选择"程序"下的"程序和功能"选项（图 1-2-4）。

图 1-2-4　选择"程序和功能"选项

步骤 2：在打开的程序列表中找到要卸载的应用程序（图 1-2-5），右击并选择"卸载/更改"命令。

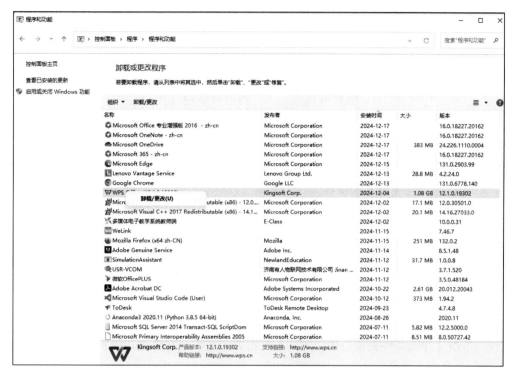

图 1-2-5 卸载程序

## 相关知识

### 一、文件管理

文件管理是操作系统的重要功能之一，通过文件夹分层，可使繁杂文件各归其位，用户在使用时能迅速定位所需内容，节省了查找时间。

文件是存储在计算机存储设备中的数据集合，它可以是文档、图片、音频、视频、程序等各种类型的信息。每个文件都有文件名、扩展名等属性，文件名用于标识文件，扩展名则表示文件的类型，如.docx 表示 Word 文档，.jpg 表示图像文件。

文件夹也称为目录，用于组织和存储文件。文件夹可以包含多个文件和子文件夹，形成层次化的目录结构，帮助用户更方便地管理和查找文件。

在文件夹视图中，用户可以根据文件的名称、大小、类型、修改日期等属性对文件进行排序；还可以将文件分组，如按文件类型分组后，所有的图片文件、文档文件等会分别归类显示，这样在文件较多的情况下能够更清晰地查看文件分布。

### 二、通过资源管理器管理文件

在 Windows11 操作系统中，通过资源管理器可便捷地管理文件，如创建、复制、移动、删除文件或文件夹等，还能进行文件搜索与查看属性等操作。

1. 打开"文件资源管理器"窗口

- 右击"开始"按钮，在弹出的快捷菜单中选择"文件资源管理器"选项，即可打开"文件资源管理器"窗口。
- 按"Windows+E"组合键打开"文件资源管理器"窗口。
- 单击任务栏上的"文件资源管理器"图标，打开"文件资源管理器"窗口。如果任务栏处于自动隐藏状态，将鼠标指针移到屏幕底部边缘，任务栏就会出现，然后再进行单击操作。

2. 文件和文件夹的基本操作

1）创建文件和文件夹

打开"文件资源管理器"窗口，在要创建文件或文件夹位置处右击，在弹出的快捷菜单中选择"新建"命令，可以创建不同类型的文件（如文本文档、Word 文档等）和文件夹。

2）打开和关闭文件和文件夹

双击文件或文件夹图标打开文件或文件夹，或通过相关软件的"打开"命令来打开文件。单击文件或文件夹窗口的"关闭"按钮关闭文件或文件夹，或通过软件菜单中的"关闭"命令来关闭文件。

3）复制和移动文件和文件夹

复制文件或文件夹可以通过右键菜单的"复制"和"粘贴"命令，或者使用快捷键（"Ctrl+C"复制，"Ctrl+V"粘贴）来实现。移动文件则是"剪切"（快捷键为"Ctrl+X"）后"粘贴"。

4）删除和恢复文件和文件夹

选中文件或文件夹后，按"Delete"键或通过右键菜单的"删除"命令可将文件或文件夹移到回收站。如果需要恢复，可在回收站中还原；清空回收站后，文件和文件夹较难恢复。

5）重命名文件和文件夹

右击文件或文件夹，选择"重命名"命令，然后输入新的名称即可。也可以选中后按"F2"键进行重命名操作。

6）查看和设置文件和文件夹属性

右击文件或文件夹，在弹出的快捷菜单中选择"属性"命令，可以查看文件或文件夹的大小、创建时间、修改时间等信息，还能设置文件或文件夹的只读、隐藏等属性来控制访问。

7）搜索文件和文件夹

在"文件资源管理器"窗口右上角的搜索框中输入文件名、关键词或文件类型等，文件资源管理器会实时显示匹配的文件和文件夹。

### 三、软件应用

#### 1. 安装软件

第一步，获取安装文件。从官方下载安装文件是最可靠安全的方式，如要安装 WPS Office 2019，可访问 WPS 官方网站，在下载页面选择适合当前 Windows 系统的版本，通常会有 32 位和 64 位之分，依据计算机版本选择即可。官方下载能保证软件是最新、最完整且无恶意篡改的。

第二步，运行安装程序。双击安装文件后，会进入安装向导界面，此时会让用户选择安装路径，一般建议将软件安装在非系统盘（如 D 盘或 E 盘）中，以避免占用系统盘过多空间，影响系统性能。在安装过程中，还可能会出现组件选择的步骤。有些软件提供了可选的插件或工具，用户可以根据自己的需求选择安装或不安装。同时，需要阅读并接受软件的许可协议，这是使用软件的前提条件，其中包含了软件的使用权限、版权信息等重要内容。

第三步，安装完成后的配置。有些软件安装完成后需要进行初始配置，还有些软件会提示用户进行注册或登录，以激活软件的全部功能或获取云服务支持。

#### 2. 卸载软件

当用户不再需要软件或者计算机内存不足时，可以卸载软件。卸载软件时，打开"控制面板"，找到"程序和功能"选项，在程序列表中找到要卸载的软件，双击该软件条目或者选中后单击"卸载/更改"按钮，系统启动卸载程序功能。

**▌▌ 关联图谱 ▌**

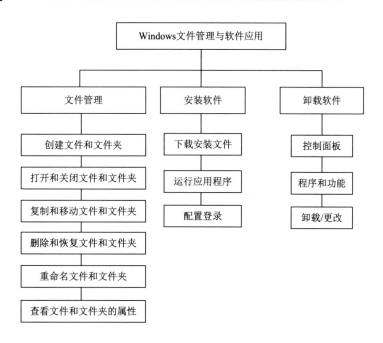

**自 测 习 题**

## 一、选择题

1. 在同一个文件夹下，文件 B. text 和 B. text（　　）同时存在。
   A. 可以　　　　　　B. 不可以
2. Windows 操作系统是由（　　）公司开发的。
   A. 苹果　　　　　B. 微软　　　　　C. 谷歌　　　　　D. 亚马逊
3. 在 Windows 操作系统中，创建一个新的文件夹的方法是（　　）。
   A. 打开"开始"菜单，选择"文档"命令
   B. 单击桌面左下角的"开始"按钮
   C. 右击空白区域，选择"新建"→"文件夹"命令
   D. 双击桌面上"此电脑"图标
4. Windows 操作系统的控制面板可以用来（　　）。
   A. 更改系统设置　　　　　　　　B. 调整屏幕亮度
   C. 播放音乐　　　　　　　　　　D. 以上都是
5. Windows 操作系统的防火墙可以用来防止（　　）。
   A. 网络攻击　　　　B. 病毒入侵　　　　C. 恶意软件　　　　D. 以上都是
6. 在 Windows 操作系统中要删除一个文件，下列操作错误的是（　　）。
   A. 直接关闭包含该文件的窗口
   B. 选中文件后，在"文件"菜单中选择"删除"命令
   C. 将文件拖到回收站
   D. 选中文件后，按"Delete"键
7. 下面关于操作系统的叙述正确的是（　　）。
   A. 操作系统是硬件和软件之间的接口
   B. 操作系统是源程序和目标程序之间的接口
   C. 操作系统是用户和计算机之间的接口
   D. 操作系统是主机和外部设备之间的接口

## 二、简答题

1. 在 Windows 操作系统中打开"文件资源管理器"窗口有哪些方式？
2. 简单描述安装软件、卸载软件的过程。

# 文 档 处 理

WPS Office 是金山软件股份有限公司发布的一款国产办公软件，具有兼容、开放、高效、安全的特点。WPS Office 包含 WPS 文字、WPS 表格和 WPS 演示三大组件，分别用于各类文档编辑、表格处理和演示文稿制作。本书基于 WPS Office 2019 版本进行相关内容的讲解。

本项目将通过 WPS 文字组件，使用其提供的工具实现"创建'求职信'文档""制作'会议通知'文档""编辑'企业简介'文档""制作'图书入库单'文档""编辑'毕业论文'文档""深化'毕业论文'文档"等任务的实施。

## 任务一　创建"求职信"文档

### 任务概述

求职信是求职者在求职过程中向招聘单位或相关人员发送的一种书面信函，主要目的在于向对方展示个人的求职意向、能力和优势，并争取获得面试的机会。小李同学大学快毕业了，即将面临找工作的问题，要想在激烈的人才竞争中占有一席之地，除了过硬的知识储备和工作能力外，还应该让别人尽快、全面地了解自己。因此小李同学决定使用 WPS Office 2019 制作一份求职信。

### 任务目标

📖 **知识目标**

1. 熟悉 WPS 文字窗口的组成。
2. 掌握 WPS 文字的启动与退出。
3. 掌握 WPS 文字的新建、编辑、保存、关闭方法。

创建"求职信"文档
相关知识讲解

📖 **技能目标**

1. 能熟练使用 WPS 文字进行文档的新建、保存、打开、关闭等操作。
2. 能熟练使用 WPS 文字进行文字录入。
3. 能熟练使用 WPS 文字进行文档加密。

📖 **素养目标**

1. 培养学生细致认真、精益求精的精神品质。
2. 培养严谨的工作态度和认真负责的工作作风。

## ⚡ 实践训练

### 一、新建并保存文档

步骤1：启动 WPS Office。单击"开始"按钮，在打开的菜单中选择"WPS Office"→"WPS Office"选项；或直接双击桌面上的"WPS Office"图标，即可启动 WPS Office，如图 2-1-1 所示。

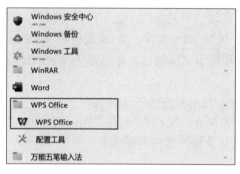

图 2-1-1　启动 WPS Office

步骤2：新建文档。单击"WPS Office"菜单右侧"+"或下方"新建"按钮，在打开的界面中选择"文字"命令，如图 2-1-2 所示。在打开的"新建文档"窗口中选择"空白文档"选项，WPS Office 会创建一个空白文档，默认文档名称为"文字文稿 1"，如图 2-1-3 所示。

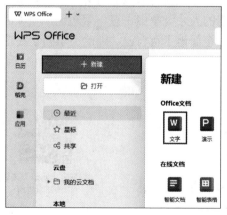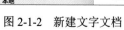

图 2-1-2　新建文字文档　　　　　　　　图 2-1-3　新建空白文档

步骤3：保存文档。单击快速访问工具栏中的"保存"按钮，或打开窗口左上角的"文件"菜单，选择"保存"选项，如图 2-1-4 所示，或按"Ctrl+S"组合键，即可保存文档。

图 2-1-4　保存文档

　　第一次保存文档时会自动打开"另存为"对话框。在对话框的左侧选择文档的保存位置，这里选择"此电脑/磁盘（D:）/项目二/任务一"文件夹；在"文件名称"文本框中输入文档的名称"求职信"；在"文件类型"下拉列表中选择要保存的文件类型，WPS文字文稿的默认扩展名为.wps，但为了方便 Office 用户编辑 WPS 文字文稿创建的文档，所以选择默认的"Microsoft Word 文件（*.docx）"选项，然后单击"保存"按钮，如图 2-1-5 所示。

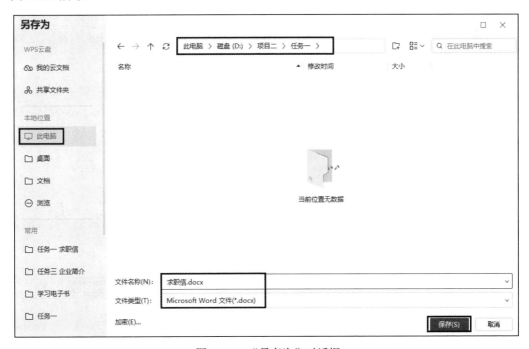

图 2-1-5　"另存为"对话框

求职信
尊敬的领导：
您好！
此致
敬礼！
求职人：李阳
2024 年 7 月·

图 2-1-6 输入文本

## 二、编辑文档

步骤 1：输入文本。选择某种汉字输入法，在"求职信.docx"文档中输入部分内容，如图 2-1-6 所示。

步骤 2：插入文本。将光标插入点定位到"求职信.docx"文档末尾，然后按"Enter"键开始一个新段落，单击"插入"选项卡中的"附件"右侧下拉按钮，在打开的下拉列表中选择"文件中的文字"命令，如图 2-1-7 所示。

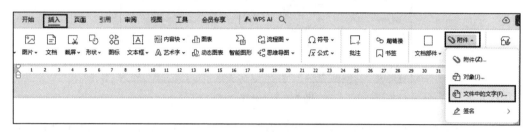

图 2-1-7 选择"文件中的文字"命令

打开"打开文件"对话框，选择本书配套素材"项目二/任务一/素材.docx"文件，单击"打开"按钮，如图 2-1-8 所示。

图 2-1-8 插入"素材"内容

步骤 3：移动文本。选中刚插入的全部文本内容"我叫李阳，是某某职业……"，然后单击"开始"选项卡中的"剪切"按钮，如图 2-1-9 所示。

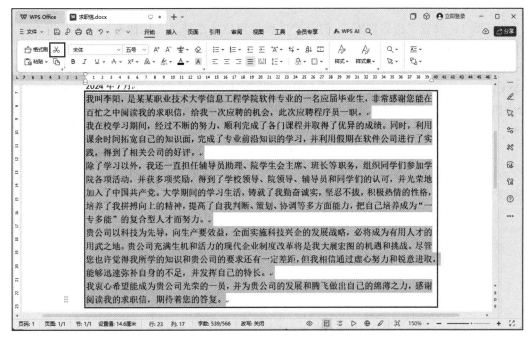

图 2-1-9  选中文本并剪切

将光标插入点定位到"您好！"行尾，然后按"Enter"键开始一个新段落，再单击"开始"选项卡中的"粘贴"按钮，如图 2-1-10 所示，粘贴刚剪切的文本。

图 2-1-10  粘贴文本

### 三、加密文档

步骤 1：设置"密码加密"。打开"文件"菜单，选择"文档加密"→"密码加密"选项，如图 2-1-11 所示，打开"密码加密"对话框。

步骤 2：设置"打开权限"密码。在"密码加密"对话框中的"打开文件密码(O)"文本框中输入密码，如"123456"；在"再次输入密码(P)"文本框中输入相同的密码，在"密码提示（H）"文本框中输入密码的提示信息，完成后单击"应用"按钮，如图 2-1-12 所示。

步骤 3：设置"编辑权限"密码。在"密码加密"对话框中的"修改文件密码(M)"文本框中输入密码，如"456789"；在"再次输入密码(R)"文本框中输入相同的密码，完成后单击"应用"按钮，如图 2-1-12 所示。

图 2-1-11　选择"密码加密"选项

图 2-1-12　设置文件密码

### 四、将文档输出为 PDF 格式

步骤 1：打开"文件"菜单，选择"输出为 PDF"选项，打开"输出为 PDF"对话框，如图 2-1-13 所示。

步骤 2：如果对输出的 PDF 文件有特殊要求，可进行输出设置。单击"输出选项"后的"输出设置"按钮，打开"输出设置"对话框，分别设置"打开文件密码"密码为"123456"，"编辑文件及内容提取密码"密码为"456789"，如图 2-1-14 所示，单击"确定"按钮。

图 2-1-13 "输出为 PDF"对话框

图 2-1-14 PDF 输出选项设置

步骤 3：默认 PDF 文件输出位置为"源文件夹"，单击"源文件夹"右侧下拉按钮，在打开的下拉列表中可选择"自定义文件夹"或"WPS 网盘"保存，如图 2-1-15 所示，单击"开始输出"按钮。

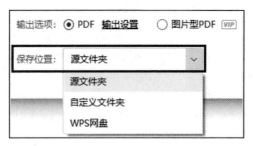

图 2-1-15　保存位置设置

## 相关知识

### 一、熟悉 WPS 文字的编辑界面

WPS 文字窗口由标题栏、"文件"菜单、快速访问工具栏、功能选项卡、选项卡功能区、文件编辑区等组成，如图 2-1-16 所示。

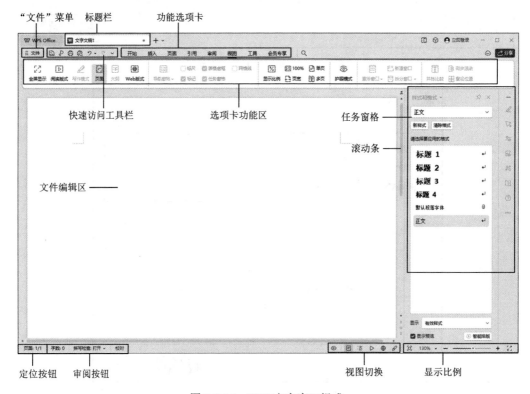

图 2-1-16　WPS 文字窗口组成

- 标题栏：用于显示文档名称及关闭文档功能。
- "文件"菜单：用于文档的新建、打开、保存、输出和打印等操作。
- 快速访问工具栏：用于放置使用频率较高的命令按钮。默认情况下，该工具栏包含"保存"按钮、"输出为 PDF"按钮、"打印"按钮、"打印预览"按钮、"撤销"按钮和"恢复"按钮。如果要向其中添加其他命令，可单击快速访问工具栏右侧的下拉按钮，在打开的下拉列表中选择需要添加的命令按钮，使其左侧显示√标记。

- 功能选项卡：承载了各类功能入口，包括"开始"选项卡、"插入"选项卡、"页面"选项卡、"引用"选项卡、"审阅"选项卡、"视图"选项卡、"工具"选项卡和"会员专享"选项卡等，每个选项卡中都包括很多的命令按钮，单击它们可以快速地实现某项功能。
- 选项卡功能区：与功能选项卡相对应，单击功能区上方的选项卡标签可切换到不同的选项卡，从而显示不同的命令。在每一个选项卡中，命令又被分类放置在不同的组（以竖线分隔）中。某些组的右下角有一个对话框启动器按钮 ⌐，单击该按钮可打开相关对话框。单击功能区右侧的 ∧ 按钮，可隐藏功能区，从而显示更多文档内容。将鼠标放到功能区的任意按钮上，都会出现该按钮的说明，有助于用户快速了解按钮的名称和功能。
- 文件编辑区：输入与编辑文本的区域，对文本进行的各种操作结果都显示在该区域。
- 滚动条：包括垂直滚动条和水平滚动条，当文件内容较多时，用于快速浏览文档。
- 任务窗格：用于快速访问和设置常用的功能，如"样式和格式"设置。
- 定位按钮：可对文档进行快速定位。
- 审阅按钮：用于拼写检查、内容检查等设置。
- 视图切换：用于快速切换当前视图显示模式。
- 显示比例：用于调节当前文档的显示比例。

## 二、文档的新建、保存、打开、关闭

在对文档进行编辑之前，需要新建文档。在编辑排版的过程中，为防止由于计算机断电、死机等原因导致文档丢失，要对文档进行保存。文档编辑结束后，需要关闭文档。当需要对文档进行修改时，需要再次打开文档。

### 1. 新建文档

方法 1：在桌面空白处右击，在弹出的快捷菜单中选择"新建"命令，在弹出的子菜单中选择"DOCX 文档"或"DOC 文档"命令，即可新建一个 WPS 文档。

方法 2：双击桌面上的"WPS Office"快捷方式图标，进入"WPS Office"窗口，单击左侧导航栏中的"新建"按钮，在弹出的"新建"窗口中选择"文字"命令，然后在打开的"新建文档"窗口中选择"空白文档"选项，即可启动 WPS 文字并新建一个文字文档。

### 2. 保存文档

文档的保存有两种方式，一是直接保存，二是将当前已打开的文档另存为一个新文档。

1）直接保存

单击"保存"按钮或按"Ctrl+S"组合键，即可保存文档。如果当前文档从未保存过，则会弹出图 2-1-5 所示"另存为"对话框。

2）文档另存为

打开"文件"菜单，选择"另存为"命令，打开"另存为"对话框，输入文件保存相关信息。

"文件名称"文本框：输入需要保存文件的名称。

"文件类型"文本框：默认为*.docx，单击右侧下拉按钮，可以选择其他文件类型，如*.wps、*.doc、*.dotx 等。

存储路径：单击右侧下拉按钮，在弹出的下拉列表中选择文档保存的位置。

创建新文件夹按钮 ⊡：当需要将当前文件保存到一个新文件夹时，单击该按钮即可新建一个文件夹。

"保存"与"取消"按钮：单击"保存"按钮，文件保存成功；单击"取消"按钮，取消保存。

### 3. 打开文档

方法 1：打开已保存的 WPS 文档，双击该 WPS 文档的文件图标。

方法 2：打开 WPS 文字工具，选择"文件"菜单中的"打开"命令，或按"Ctrl+O"组合键。打开"打开文件"对话框，在其中选择文档保存路径，然后选择所需文档，单击"打开"按钮。

方法 3：在计算机窗口中，选择需要打开的文档，按住鼠标左键不放，将其拖动到 WPS 文字编辑界面的标题栏后释放鼠标。

### 4. 关闭文档

方法 1：单击 WPS 文字编辑窗口右上角的"关闭"按钮，关闭文档并退出 WPS Office。

方法 2：按"Alt+F4"组合键关闭文档并退出 WPS Office。

方法 3：在显示文档名称的选项卡中单击"关闭"按钮，可关闭文档但不退出 WPS Office。

方法 4：右击显示文档名称的选项卡，在弹出的快捷菜单中选择"关闭"选项。

方法 5：选择"文件"菜单中的"退出"选项，可关闭文档但不退出 WPS Office。

方法 6：按"Ctrl+W"组合键关闭文档但不退出 WPS Office。

## 三、文本的编辑

### 1. 文本的录入

在 WPS 中，文本录入可采用直接输入和插入文件中的文字两种方式。

（1）直接输入。在光标处直接输入文本，当字符占满一行后会自动换行，按"Enter"键，表示一个段落结束。录入的文字包括字母、汉字、数字和符号等。文本录入时，WPS 会自动进行拼写检查。

（2）插入文件中的文字。单击"插入"选项卡中的"附件"下拉按钮，在弹出的下拉列表中选择"文件中的文字"命令，在打开的对话框中选择文件，可将文件的内容插入当前文档的插入点位置之后。这种方式特别适合插入长篇文档。

2. 文本的选取

对文本进行复制，删除，字体、段落格式设置等操作，首先是要选中文本内容。选取文本方法如表 2-1-1 所示。

表 2-1-1　选取文本方法

| 操作 | 功能 |
| --- | --- |
| 选中一行 | 光标指向文本最左侧空白处单击 |
| 选中一段 | 光标指向该段落最左侧空白处双击 |
| 选中连续行 | 单击文本的起始行，按住"Shift"键并单击选中文本的结束行 |
| 选中不连续行 | 单击文本的起始行，按住"Ctrl"键并单击选中文本行 |
| 选中矩形区域文本 | 按住"Alt"键的同时，按住鼠标左键拖动进行区域选取 |
| 选中一个字或词 | 双击该字或词 |
| 选中任意文本 | 光标指向文本的开始位置，按住鼠标左键拖曳至文本的结尾 |
| 选中整篇文档 | 按"Ctrl+A"组合键；或者光标指向文本最左侧的空白处三击 |

使用键盘选取文本方法如表 2-1-2 所示。

表 2-1-2　使用键盘选取文本方法

| 按键 | 功能 | 按键 | 功能 | 按键 | 功能 |
| --- | --- | --- | --- | --- | --- |
| ← | 向左移动一个字符 | Shift + ← | 向左选中一个字符 | Ctrl + ← | 向左移动一个单词 |
| → | 向右移动一个字符 | Shift + → | 向右选中一个字符 | Ctrl + → | 向右移动一个单词 |
| ↑ | 向上移动一个字符 | Shift + ↑ | 向上选中文字 | Ctrl + ↑ | 向上移动一段 |
| ↓ | 向下移动一个字符 | Shift + ↓ | 向下选中文字 | Ctrl + ↓ | 向下移动一段 |
| Home | 移动至当前行首 | Ctrl+Home | 快速到达文档开始位置 | PageUp | 向上翻页 |
| End | 移动至当前行尾 | Ctrl+End | 快速到达文档末尾位置 | PageDown | 向下翻页 |

3. 文本的删除

文本删除方法如表 2-1-3 所示。

表 2-1-3　文本删除方法

| 操作 | 功能 |
| --- | --- |
| Delete 键 | 光标定位到要删除字符的前面按此键 |
| BackSpace 键 | 光标定位到要删除字符的后面按此键 |
| Delete 键或 BackSpace 键 | 选中文本后操作 |
| "剪切"按钮或"Ctrl+X"组合键 | 选中文本后操作 |
| "剪切"命令 | 右击选中的文本后，在弹出的快捷菜单中操作 |

### 4. 文本的复制、剪切与粘贴

选中要复制的文本，单击"开始"选项卡中的"复制"按钮（或者按"Ctrl+C"组合键）复制文本；选中要剪切的文本，单击"开始"选项卡中的"剪切"按钮（或者按"Ctrl+X"组合键）剪切文本；将光标定位到要粘贴文本的位置处，单击"开始"选项卡中的"粘贴"按钮（或者按"Ctrl+V"组合键）粘贴文本。

### 5. 撤销、恢复操作

单击快速访问工具栏中的"撤销"按钮（或者按"Ctrl+Z"组合键），可撤销当前的操作；而此时"恢复"按钮变为可用，单击"恢复"按钮（或者按"Ctrl+Y"组合键），可恢复已撤销操作。

## 四、文档的保护

为防止他人访问文档，防止其未经允许查阅和修改文档，可对文档进行保护设置，如设置文档权限、限制编辑、密码加密。

## 五、文档的输出

WPS 文档的输出格式多样，可输出为 PDF、输出为图片、输出为 PPTX。在输出为 PDF 前可进行更多设置，以满足用户的要求。

**关联图谱**

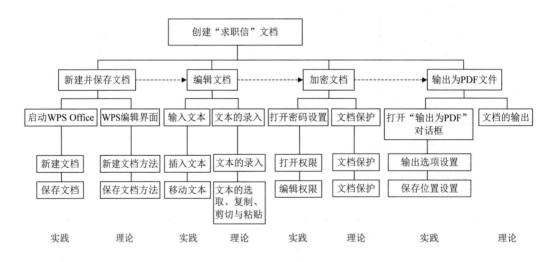

**自 测 习 题**

## 一、选择题

1. 快速访问工具栏中的 ↻ 功能是（　　　）。

　　A. 加粗　　　　　　　　　　　　　B. 设置下画线

　　C. 重复上次的操作　　　　　　　　D. 撤销上次的操作

　2. 文件名位于（　　　）。

　　A. 选项卡　　　　B. 文本区　　　　C. 标题栏　　　　D. 状态栏

　3. 在 WPS 文字编辑状态下，操作的对象经常是被选中的内容，若鼠标在某行行首的左边，下列（　　　）操作可以仅选择鼠标指针所在的行。

　　A. 双击　　　　　B. 右击　　　　　C. 单击三下　　　D. 单击

　4. WPS 文字的工作界面中，（　　　）用于标签切换和窗口控制。

　　A. 导航窗格　　　B. 标签栏　　　　C. 功能区　　　　D. 状态栏

　5. 使用（　　　）组合键，可以打开"打开文件"对话框。

　　A."Ctrl+N"　　　B."Ctrl+O"　　　C."Ctrl+F4"　　　D."Ctrl+S"

　6. WPS 中，将某个词复制到插入点，应先将该词选中，再（　　　）。

　　A. 直接拖动到插入点

　　B. 单击"剪切"按钮，然后在插入点单击"粘贴"按钮

　　C. 单击"复制"按钮，然后在插入点单击"粘贴"按钮

　　D. 单击"撤销"按钮，然后在插入点单击"粘贴"按钮

　7. 在 WPS 文字编辑状态下，选中整篇文档的组合键是（　　　）。

　　A."Ctrl+A"　　　B."Ctrl+C"　　　C."Ctrl+V"　　　D."Ctrl+P"

## 二、简答题

　1. WPS 文字文件创建的方法有几种？

　2. 对文本进行复制、剪切和粘贴的快捷键分别是什么？

　3. 如何对文档进行加密设置？

# 任务二　制作"会议通知"文档

## 任务概述

　　会议通知是上级对下级、组织对成员或平行单位之间部署工作、传达事项或召开会议等所使用的应用文之一。腾飞软件科技有限公司决定要在下周召开项目进展推进会议，公司人事部门经理让小李制作一份"会议通知"。小李向人事部门经理了解了会议通知的相关内容，准备开始制作"会议通知"文档。

## 任务目标

### 📖 知识目标

　1. 掌握 WPS 文字文本和段落格式设置方法。

　2. 掌握 WPS 文字页面设置方法。

　3. 掌握 WPS 文字插入日期设置方法。

制作"会议通知"文档
相关知识讲解

📖**技能目标**

1. 能熟练使用 WPS 文字中文本格式常用设置。
2. 能熟练使用 WPS 文字中段落格式常用设置。
3. 能熟练使用 WPS 文字中插入日期功能。

📖**素养目标**

1. 培养学生积极思考、勇于探索的精神。
2. 培养学生自主学习的良好习惯。

## ⚡ 实践训练

### 一、页面格式设置

步骤 1：新建文档。新建一个 WPS 文字文档并保存，保存名称为"会议通知"。打开"会议通知（素材）"文档，将全部内容复制到"会议通知"文档内。

步骤 2：页边距设置。单击"页面"选项卡，设置上下、左右页边距均为 2.5cm，如图 2-2-1 所示。

图 2-2-1  设置页边距

步骤 3：页面背景设置。单击"页面"选项卡中的"背景"右侧下拉按钮，选择背景颜色"灰色-25%，背景 2"，如图 2-2-2 所示。

图 2-2-2  设置页面背景

### 二、文本格式设置

步骤 1：标题文本格式设置。选中标题文本"关于召开项目推进会议通知"，单击"开始"选项卡中的"字体"下拉按钮，在打开的下拉列表中选择"微软雅黑"选项，如图 2-2-3 所示。单击"字号"下拉按钮，在打开的下拉列表中选择"小二"选项，如图 2-2-4 所示。

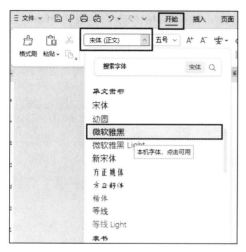

图 2-2-3　字体设置

图 2-2-4　字号设置

保持文本选中状态，单击"开始"选项卡中的"字体"对话框启动器按钮 ⌐，打开"字体"对话框，切换到"字符间距"选项卡，在"间距"下拉列表中选择"加宽"选项，在其右侧的"值"下拉列表中选择"磅"选项，并在"值"文本框中输入"2"，单击"确定"按钮，如图 2-2-5 所示。

步骤 2：正文文本格式设置。选中除标题以外的所有正文文本，打开"字体"对话框，并切换到"字体"选项卡，在"中文字体"下拉列表中选择"宋体"选项，在"西文字体"下拉列表中选择"Times New Roman"选项，在"字号"列表中选择"小四"选项，单击"确定"按钮，如图 2-2-6 所示。

图 2-2-5　字符间距设置

图 2-2-6　文档内容字体与字号设置

步骤 3：标题格式设置。选中文档标题文本，按住"Ctrl"键，再选中"会议时间""会议地点""会议内容""参加人员""会议要求"小标题文字，单击加粗按钮 B，如图 2-2-7 所示。

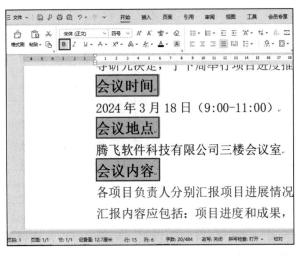

图 2-2-7 文本加粗设置

### 三、段落格式设置

步骤 1：全文段落格式设置。按"Ctrl+A"组合键，选中全文内容，单击"开始"选项卡中的"段落"对话框启动器按钮，打开"段落"对话框并选择"缩进和间距"选项卡，在"缩进"设置区域中设置"特殊格式"为"首行缩进"，"度量值"为 2 字符；在"间距"设置区域中设置"段前"和"段后"间距为 0 行，"行距"为"固定值"、"设置值"为"20 磅"，如图 2-2-8 所示。

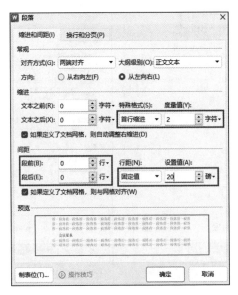

图 2-2-8 缩进和间距设置

步骤 2：标题段落格式设置。选中标题文本，单击"段落"对话框启动器按钮，打开"段落"对话框，在"常规"设置区域中设置"对齐方式"为"居中对齐"，在"缩进"设置区域中设置"特殊格式"为"无"；在"间距"设置区域中设置"段后"间距为 1 行，"行距"为"单倍行距"，"设置值"为"1"，如图 2-2-9 所示。

图 2-2-9 标题段落格式设置

步骤 3：编号格式设置。选中小标题"会议时间"，单击"编号"右侧下拉按钮，选择"一、二、三、…"编号格式，为小标题设置编号格式，如图 2-2-10 所示。

图 2-2-10 小标题编号格式设置

选中"三、会议内容"后的三段内容，单击"开始"选项卡"段落"功能组内"编号"右侧下拉按钮，选择第一行第四项编号格式，单击"段落"对话框启动器按钮，设置特殊格式为首行缩进。按上述步骤完成"五、会议要求"后的段落内容设置。

步骤 4：应用格式刷。选中"一、会议时间"文本，双击"开始"选项卡中的"格式刷"按钮（图 2-2-11），然后依次选中"二、会议地点""三、会议内容""四、参加人员""五、会议要求"文本，应用后单击或按"Esc"键退出格式刷状态。

图 2-2-11　格式刷应用

选中"一、会议时间""二、会议地点"……标题内容，设置其字体为"楷体"，字号为"四号"，首行缩进为无，效果如图 2-2-12 所示。

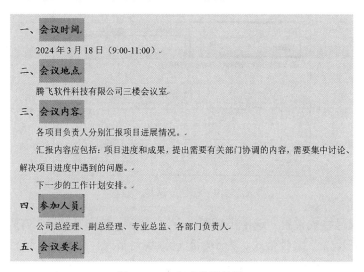

图 2-2-12　格式设置效果

图 2-2-13　插入日期设置

步骤 5：插入日期。将光标定位到文档末尾，按"Enter"键换行，单击"插入"选项卡中"文档部件"右侧的下拉按钮，在弹出的下拉列表中选择"日期"按钮，在打开的"日期和时间"对话框中选择相应的日期和时间格式，单击"确定"按钮，如图 2-2-13 所示。

选中文档最后两行，单击"开始"选项卡"段落"功能组内的"右对齐"按钮。

页面格式设置

## ⚡ 相关知识

### 一、页面格式设置

在进行 WPS 文字排版时，一般首先要进行页面设置。WPS 提供了丰富的页面设置选项，用户可以根据自己的需要设置纸张大小、页边距、纸张方向、页面边框等。

#### 1. 纸张大小设置

单击"页面"选项卡中的"纸张大小"下拉按钮，在打开的下拉菜单中选择所需的纸张大小即可，默认纸张大小为 A4，如图 2-2-14 所示。

当所列出的纸张大小均不满足要求时，可以选择菜单底部的"其他页面大小"命令，打开"页面设置"对话框，在"纸张"选项卡的"纸张大小"栏进行相应的设置，如图 2-2-15 所示。

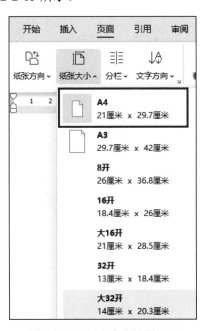

图 2-2-14　纸张大小设置（1）

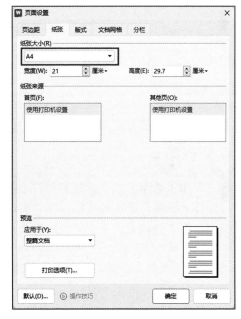

图 2-2-15　纸张大小设置（2）

#### 2. 页边距设置

单击"页面"选项卡中"页边距"下拉按钮，在打开的下拉菜单中选择所需的页边距大小，如图 2-2-16 所示。

当所列出的页边距均不满足要求时，可以选择下拉菜单底部的"自定义页边距"命令，打开"页面设置"对话框，在"页边距"选项卡的"页边距"栏中设置"上""下""左""右"页边距的数值。如果要打印后装订，可在"装订线位置"下拉列表中选择装订线的位置为"左"或"上"；在"装订线宽"文本框中输入装订线的宽度值，如图 2-2-17 所示。

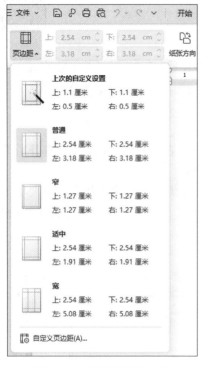

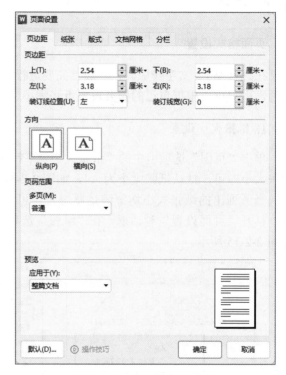

图 2-2-16　页边距设置（1）　　　　图 2-2-17　页边距设置（2）

### 3. 纸张方向设置

单击"页面"选项卡中"纸张方向"下拉按钮，在打开的下拉菜单中选择所需的纸张方向；打开"页面设置"对话框，在"页边距"选项卡中也可以设置纸张方向，并且可在"应用于"下拉列表中设置"页边距"的应用范围，如图 2-2-18 所示。

### 4. 页面背景设置

在 WPS 文字中，可在"页面"选项卡中通过"背景""页面边框""稿纸"等选项对页面进行修饰。

（1）设置背景颜色。单击"背景"下拉按钮，在打开的下拉菜单中通过选择主题颜色、标准色、渐变填充设置背景颜色，如果现有颜色不能满足需要，可以选择"其他填充颜色"命令，设置填充颜色，如图 2-2-19 所示；也可以使用图片、图案、纹理等设置背景。

（2）设置水印。为了声明版权或美化文档，用户可以在文档中添加水印。单击"背景"下拉按钮，在打开的下拉菜单中选择"水印"命令，打开"自定义水印"对话框，选择一种预设的水印样式，如图 2-2-20 所示；也可以选择"插入水印"命令，在打开的"水印"对话框中使用自定义图片或文字水印。

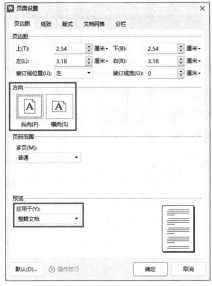

图 2-2-18　纸张方向设置

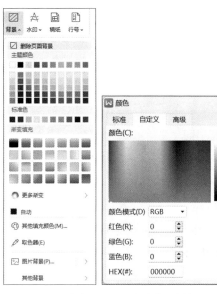

图 2-2-19　设置背景颜色

图 2-2-20　插入水印设置

（3）设置稿纸。单击"页面"选项卡中的"稿纸"按钮，打开"稿纸设置"对话框，选中"使用稿纸方式"复选框，设置"规格""网格""颜色"等参数，设置好

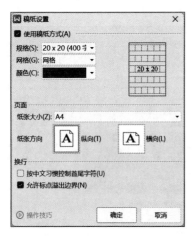

图 2-2-21　稿纸设置

页面的"纸张大小"、"纸张方向"及换行方式，如图 2-2-21 所示。

## 二、文本格式设置

在 WPS 文字中可对文本进行字体、字形、字号、颜色、下划线、字符间距等格式设置。设置文本格式可通过以下三种方式。

### 1. 使用"字体"功能组命令按钮

"字体"功能组（图 2-2-22）位于"开始"选项卡中，通过该功能组可以实现文本格式的设置。在 WPS 文档中，汉字默认为宋体、五号，英文默认为 Calibri、五号。

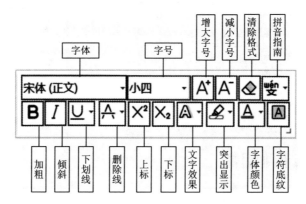

图 2-2-22　"字体"功能组命令按钮

### 2. 使用浮动工具栏设置

选中需要设置格式的文本，在选中文本的右上方会出现用于格式设置的浮动工具栏，通过该工具栏可以快速对文本进行常用的格式设置，如图 2-2-23 所示。

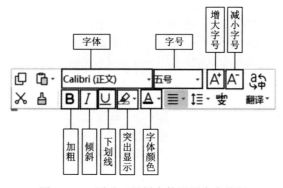

图 2-2-23　浮动工具栏字体设置命令按钮

### 3. 使用"字体"对话框设置

"字体"功能组和浮动工具栏虽然能实现对文本的格式设置，但有些格式设置需要通过"字体"对话框来实现，如图 2-2-24 所示。

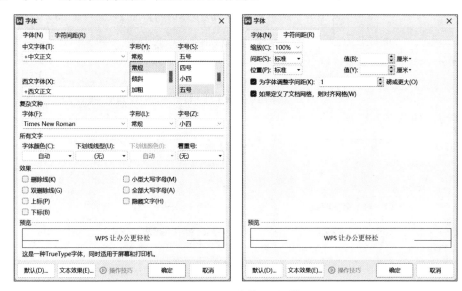

图 2-2-24 "字体"对话框

## 三、段落格式设置

段落格式设置是指设置整个段落的外观，包括段落的对齐方式、缩进、行距与间距、项目符号、编号、底纹、边框等。要对段落进行设置，首先将光标插入点置于段落中，然后根据需要通过以下四种方式之一进行设置。

### 1. 使用"段落"功能组命令按钮

"段落"功能组位于"开始"选项卡内，通过该功能组可以实现段落格式的设置，如图 2-2-25 所示。在 WPS 文档中，段落默认为两端对齐、无缩进、单倍行距。

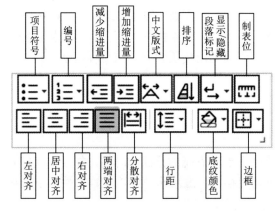

图 2-2-25 "段落"功能组命令按钮

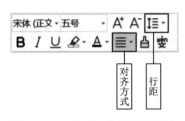

图 2-2-26　浮动工具栏段落设置
命令按钮

### 2．使用浮动工具栏设置

将光标插入点定位到需要设置格式的段落，右击，弹出浮动工具栏和右键菜单，通过浮动工具栏可以快速对段落进行对齐方式和行距的设置，如图 2-2-26 所示。

### 3．使用"段落"对话框设置

"段落"功能组和浮动工具栏虽然能实现对段落的格式设置，但有些格式设置需要通过"段落"对话框来实现，如图 2-2-27 所示。

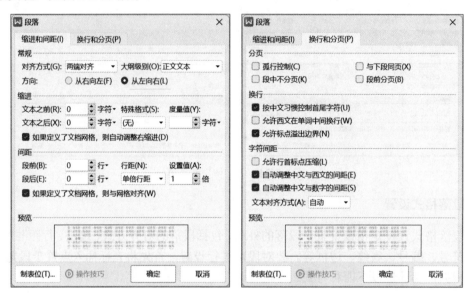

图 2-2-27　"段落"对话框

### 4．格式刷应用

"格式刷"按钮位于"开始"选项卡中。当某些文本或段落需要设置相同"字体"和"段落"格式时，可以通过"格式刷"按钮实现。格式刷按钮有两种用法：第一种用法，选中需要复制格式的内容，然后单击格式刷，再用鼠标选择需要改变格式的内容，此时格式设置完成，格式刷即退出使用状态；第二种用法，选中需要复制格式的内容，然后双击格式刷，再用鼠标依次选择需要改变格式的内容，文本格式设置完成后，需要再次单击"格式刷"按钮或按"Esc"键退出。

## 四、插入日期

如果需要在文档中插入当前系统的日期和时间，并且每次打开文档，时间都会根据系统自动更新，可以使用"插入"选项卡中的"文档部件"下拉按钮下的"日期"命令进行设置，如图 2-2-28 和图 2-2-29 所示。

图 2-2-28 选择"日期"命令

图 2-2-29 设置"日期"格式

## 关联图谱

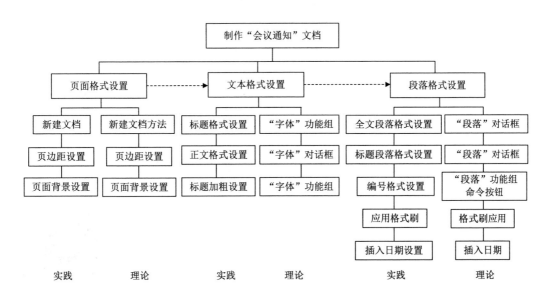

░░░░░░░░░░░░░░░░░░░░░░░░░ **自 测 习 题** ░░░░░░░░░░░░░░░░░░░░░░░░░

## 一、选择题

1. 在 WPS 文字中，能设定文档"行距"的功能按钮位于（　　）选项卡中。
   A. "开始"　　　　　　　　　　　　　　　B. "插入"
   C. "页面布局"　　　　　　　　　　　　　D. "视图"

2. WPS 文字的"字体"对话框中，不可以设置（　　）。
   A. 字体颜色　　　B. 字符间距　　　C. 字号　　　D. 对齐方式

3. WPS 文字的"段落"对话框中，不可以设置（　　）。
   A. 对齐方式　　　B. 段落间距　　　C. 行间距　　　D. 字符间距

4. 在 WPS 文字中，文档段落的对齐方式不包括（　　）。
   A. 两端对齐　　　B. 左对齐　　　C. 居中　　　D. 垂直对齐

5. WPS 文字中，可以利用（　　）选项卡给选中的段落添加项目符号和编号。
   A. "开始"　　　B. "引用"　　　C. "章节"　　　D. "视图"

6. 在 WPS 文字中，以下能作为项目符号的是（　　）。
   A. 图片　　　B. 视频　　　C. 音频　　　D. 动画

## 二、简答题

1. 文本对齐方式有哪些？
2. 如何将文本字号设置为 23 磅？
3. 将文本设置为加粗、倾斜、加下划线的组合键分别是什么？
4. 如何快速设置段落行距为 2 倍行距？

# 任务三　编辑"企业简介"文档

## ⚡ 任务概述

　　企业简介是从企业概况、发展历史、公司文化、组织结构等方面对企业进行的一个简单介绍，是目前企业广泛使用的一种文体类型。公司为了展现企业面貌，让更多用户了解公司情况，人事部门经理让小李为公司制作一份"企业简介"，小李通过收集公司的相关信息并分析后开始制作。

## ⚡ 任务目标

　　📖 知识目标
1. 掌握艺术字插入与格式设置方法。
2. 掌握图片的插入与格式设置方法。

编辑"企业简介"文档
相关知识讲解

3. 掌握形状的插入与格式设置方法。

4. 掌握智能图形的插入与格式设置方法。

5. 掌握文本框的插入与格式设置方法。

📖 **技能目标**

1. 能熟练使用 WPS 文字中艺术字、图片、图形等命令按钮实现图文混排。

2. 能熟练使用 WPS 文字中文本框命令按钮并进行格式设置。

📖 **素养目标**

1. 培养学生细致认真、精益求精的工作态度。

2. 培养学生的审美意识和分析、解决问题的能力。

## ⚡ 实践训练

## 一、插入图片

步骤 1：新建文档。新建一个 WPS 文字文档并保存，保存名称为"企业简介.docx"。

步骤 2：插入图片。单击"插入"选项卡中的"图片"下拉按钮，在打开的下拉列表中选择"本地图片"选项，如图 2-3-1 所示。

图 2-3-1 选择"本地图片"选项

打开"插入图片"对话框，在左侧导航栏中选择图片所在的位置，在右侧选择要插入的图片，这里选择"top.png"图片，单击"打开"按钮，如图 2-3-2 所示。

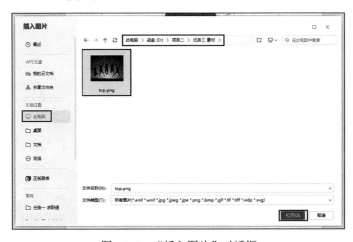

图 2-3-2 "插入图片"对话框

步骤 3：设置图片格式。保持图片选中状态，单击"图片工具"选项卡中的"环绕"下拉按钮，在打开的下拉列表中选择"衬于文字下方"命令，如图 2-3-3 所示。

图 2-3-3　设置图片环绕方式

单击"图片工具"选项卡中的"对齐"下拉按钮，在打开的下拉列表中分别选择"左对齐"和"顶端对齐"选项；取消选中"锁定纵横比"复选框，设置图片高度为 8 厘米，宽度为 21 厘米，如图 2-3-4 所示。

图 2-3-4　设置图片格式

单击"图片工具"选项卡中的"效果"下拉按钮，在打开的下拉列表中选择"倒影"中的"半倒影，接触"选项，如图 2-3-5 所示。

图 2-3-5　设置图片效果（top.png）

单击页面空白处,再次插入图片"bottom.jpg",保持图片选中状态,设置图片"环绕"方式为"浮于文字上方";取消选中"锁定纵横比"复选框,设置图片高度为5.6厘米,宽度为21厘米;图片对齐方式为"底端对齐"和"左对齐"。

单击"图片工具"选项卡中的"色彩"下拉按钮,在打开的下拉列表中选择"灰度"选项,如图2-3-6所示。

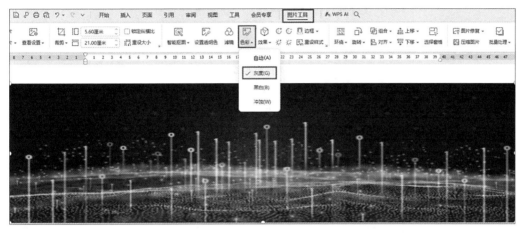

图 2-3-6 设置图片色彩

单击"图片工具"选项卡中的"效果"下拉按钮,在打开的下拉列表中选择"发光"中的"矢车菊蓝,8pt发光,着色5"选项,如图2-3-7所示。

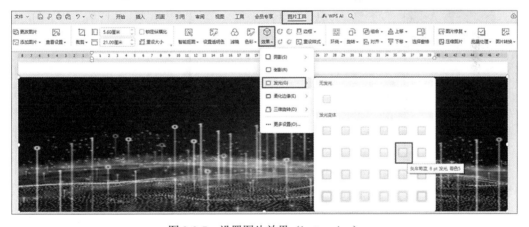

图 2-3-7 设置图片效果(bottom.jpg)

## 二、插入形状

步骤1:插入形状。单击"插入"选项卡中的"形状"下拉按钮,在打开的下拉列表中选择"矩形"形状,如图2-3-8所示,当鼠标变成"十"字形,按住鼠标左键在文档拖动,绘制"矩形"形状。

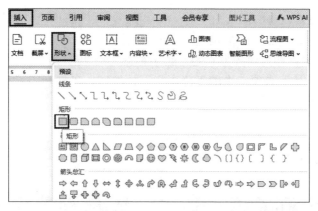

图 2-3-8　插入矩形形状

步骤 2：设置形状格式。保持"矩形"选中状态，单击"绘图工具"选项卡中的"大小和位置"对话框启动器按钮，打开"布局"对话框，如图 2-3-9 所示。

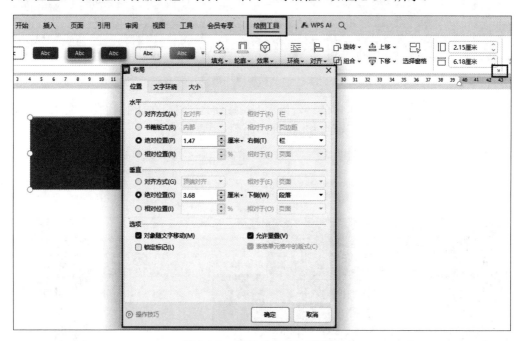

图 2-3-9　打开"布局"对话框

在"位置"选项卡中设置水平绝对位置 3 厘米，左边距，垂直绝对位置 8 厘米，上边距，如图 2-3-10 所示。

在"大小"选项卡中设置高度为绝对值 1.4 厘米，宽度为绝对值 6.3 厘米，取消选中"锁定纵横比"复选框，如图 2-3-11 所示。

单击"绘图工具"选项卡中的"编辑形状"下拉按钮，在打开的下拉列表中选择"编辑顶点"选项，鼠标放至形状右侧边框中点位置，按住鼠标左键水平拖动至合适位置，按"Esc"键退出编辑，如图 2-3-12 所示。

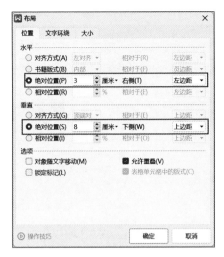

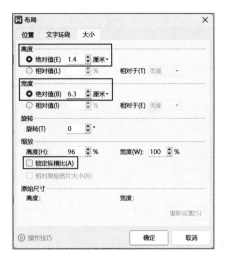

图 2-3-10　设置形状位置　　　　　图 2-3-11　设置形状大小

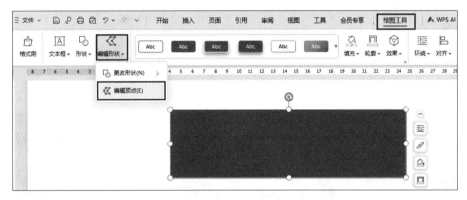

图 2-3-12　编辑形状

单击"绘图工具"选项卡中的"填充"下拉按钮，在打开的下拉列表中选择"更多设置"命令，如图 2-3-13 所示，在窗口右侧显示"属性"窗格。

在"属性"窗格中，单击"形状选项"选项卡中的"填充与轮廓"，在"文本填充"内选择渐变填充，设置渐变样式为"线性渐变"的"到右侧"；单击左侧"渐变光圈"滑块，设置"色标颜色"为蓝色，并设置位置为 0%，透明度为 0%，亮度为 0%；单击中间"渐变光圈"滑块，设置"色标颜色"为蓝色，并设置位置为 50%，透明度为 50%，亮度为 30%；单击右侧"渐变光圈"滑块，设置"色标颜色"为蓝色，位置为 100%，透明度为 60%，亮度为 50%，如图 2-3-14 所示。

在形状选中状态下，右击，在弹出的菜单中选择"编辑文字"选项，在形状中输入"企业简介"文字内容，选中文字，设置字体为"微软雅黑"，字号为"小二"，加粗，字符间距为

图 2-3-13　选择形状填充
设置命令

5 磅，对齐方式为"两端对齐"，如图 2-3-15 所示。

图 2-3-14　设置形状填充颜色

图 2-3-15　形状设置最终效果

## 三、插入艺术字

步骤 1：插入艺术字。单击"插入"选项卡中的"艺术字"下拉按钮，在打开的下拉列表中选择艺术字预设样式为"填充-橙色，着色 4，软边缘"，如图 2-3-16 所示，输入"腾飞软件科技有限公司"文字内容，设置其字体为"黑体"，字号为 28 磅，加粗。

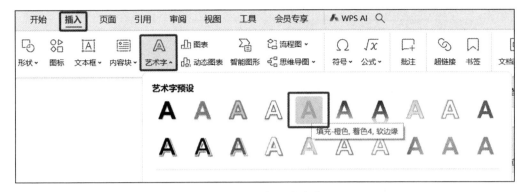

图 2-3-16 插入艺术字

步骤 2：设置艺术字格式。单击艺术字边框，单击"绘图工具"选项卡中的"对齐"下拉按钮，在打开的下拉列表中分别选择"右对齐"和"顶端对齐"选项，效果如图 2-3-17 所示。

图 2-3-17 设置艺术字对齐方式效果

单击"绘图工具"选项卡，设置艺术字的高度为 2 厘米，宽度为 11.5 厘米，如图 2-3-18 所示。

图 2-3-18 设置艺术字的宽度和高度

单击"文本工具"选项卡中的"效果"按钮，在打开的下拉列表中选择"转换"内的弯曲效果为"腰鼓"，如图 2-3-19 所示。

图 2-3-19　设置艺术字效果

**四、插入文本框**

步骤 1：插入文本框。单击"插入"选项卡中的"文本框"下拉按钮，在打开的下拉列表中选择"横向"选项，鼠标变成"十"字形后，在页面中适当位置按住鼠标左键进行拖动，绘制文本框并输入文字内容，如图 2-3-20 和图 2-3-21 所示。

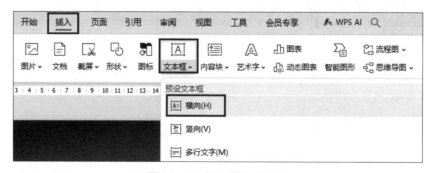

图 2-3-20　插入横向文本框

步骤 2：设置文本框格式。选中文本框，单击"绘图工具"选项卡，设置文本框高度为 4.7 厘米，宽度为 16 厘米；对齐方式为"水平居中"，如图 2-3-22 所示。

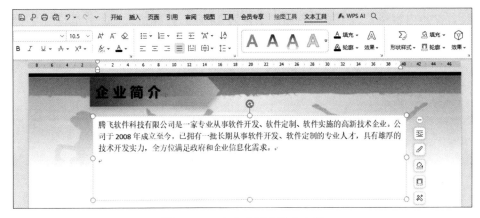

图 2-3-21  在文本框中输入内容

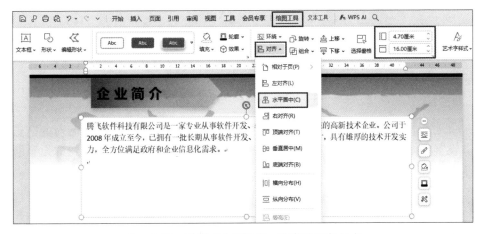

图 2-3-22  设置文本框宽度、高度和对齐方式

单击"绘图工具"选项卡中的"填充"下拉按钮,在打开的下拉列表中选择"无填充颜色"选项;单击"绘图工具"选项卡中的"轮廓"下拉按钮,在打开的下拉列表中选择"无边框颜色"选项,如图 2-3-23 所示。

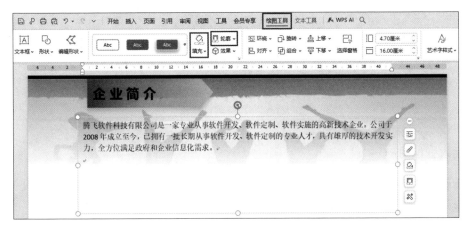

图 2-3-23  设置文本框填充与轮廓

设置文本内容格式：字体为楷体，字号为 14 磅，特殊格式为首行缩进 2 字符，行距为"1.5 倍行距"，如图 2-3-24 所示。

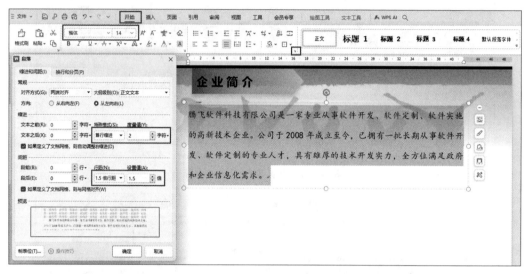

图 2-3-24　设置文本框内容格式

按上述步骤，在艺术字下方插入文本框，输入"——科技领航、诚信为本"文字内容，并设置字体为黑体，字号为 14 磅，加粗，设置文本框填充无颜色、轮廓无颜色，移动文本框至合适位置，如图 2-3-25 所示。

图 2-3-25　设置副标题格式

## 五、插入智能图形

步骤 1：插入智能图形。单击"插入"选项卡中的"智能图形"按钮，在打开的"智能图形"窗口中选择"SmartArt"下的"聚合射线"选项，如图 2-3-26 所示。

步骤 2：设置智能图形格式。单击"设计"选项卡中的"环绕"下拉按钮，在打开

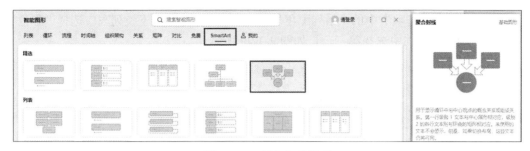

图 2-3-26　插入智能图形

的下拉列表中选择"浮于文字上方"选项，移动智能图形至页面适当位置；设置智能图形的高度为 9.6 厘米，宽度为 15.4 厘米，对齐方式为"水平居中"，如图 2-3-27 所示。

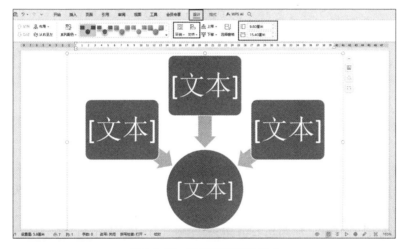

图 2-3-27　设置智能图形格式

选择文本图形，单击"设计"选项卡中的"添加项目"下拉按钮，在打开的下拉列表中选择"在后面添加项目"选项，添加两个新项目，效果如图 2-3-28 所示。

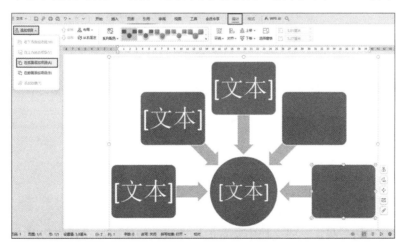

图 2-3-28　为智能图形添加新项目

单击"设计"选项卡中的"系列配色"下拉按钮，在打开的下拉列表中选择"彩色"中的第一项，在样式中选择第三项，如图 2-3-29 所示。

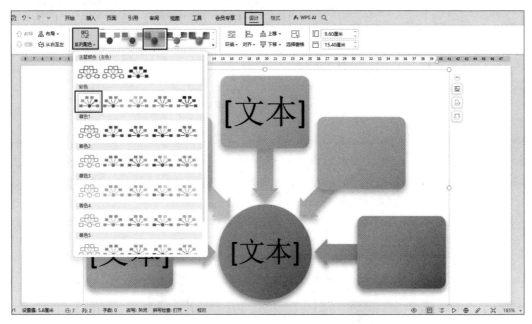

图 2-3-29  更改智能图形颜色

选择智能图形项目，依次输入"公司业务""软件外包""软件定制开发""系统维护""OA 办公系统""手机软件定制"文本内容，并设置字体为微软雅黑，字号为 16 磅，文字颜色为"白色"，如图 2-3-30 所示。

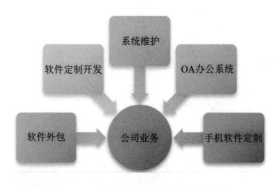

图 2-3-30  输入文本内容并设置格式

### 💨 相关知识

**一、插入和设置艺术字**

为了增强表达效果，一些文档中文章的标题或某些标语被设置成艺术字，既美观又醒目。

## 1. 插入艺术字

单击"插入"选项卡中的"艺术字"下拉按钮，打开图 2-3-31 所示的"艺术字预设"列表。选择一种样式，出现图中所示的文本框，输入要设置艺术字的文字即可。

图 2-3-31　"艺术字预设"列表及艺术字输入文本框

## 2. 修饰艺术字

选中艺术字后，出现"文本工具"选项卡。该选项卡提供了艺术字形状样式、形状轮廓、形状填充、文本效果、文本轮廓、字体、排列等修饰功能。单击"设置文本效果格式：文本框"对话框启动器按钮，在页面右侧打开图 2-3-32 所示的"属性"窗格，在其中可对艺术字的填充与轮廓、效果、文本框等进行设置。

## 二、插入形状和图片

在文档中可以插入线条、箭头、流程图、标注等图形，也可以插入各种图片。

## 1. 插入自选图形

单击"插入"选项卡中的"形状"下拉按钮，打开图 2-3-33（a）所示的"预设"列表框。选择所需的图形，在文档中拖曳鼠标即可画出相应的图形。图 2-3-33（b）是其中的"立方体"自选图形。

图 2-3-32　美化艺术字窗格

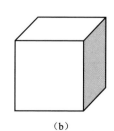

（a）　　　　　　　　（b）

图 2-3-33　插入形状

## 2. 设置自选图形格式

选中自选图形后，图形四周会出现 8 个尺寸控制点，将鼠标放到控制点上，光标将变成双箭头的形状，按下鼠标左键拖曳，就可以改变图形的大小；同时出现"绘图工具"选项卡，如图 2-3-34 所示。通过单击选项卡上相应的按钮，可以设置自选图形的大小、对齐方式、旋转、轮廓、填充、环绕方式、形状效果、图形层次等。

图 2-3-34　图形设置工具

## 3. 插入图片

通过单击"插入"选项卡中的"图片"下拉按钮，可以将本地、扫描仪、手机等不同来源的图片插入文档中，如图 2-3-35 所示。选中插入的图片后，可以通过图 2-2-36 所示的"图片工具"选项卡上的命令按钮设置图片大小、位置、透明度、色彩亮度、效果、边框，也可以对图片进行旋转、裁剪、对齐方式、环绕方式等设置。

图 2-3-35　插入图片方法

图 2-3-36　图片格式设置工具

## 三、插入文本框

文本框是一种包含文字、表格等的图形对象，利用文本框可以将文字、表格等放置在文档中的任意位置，从而实现灵活的版面设置。"文本框"命令按钮位于"插入"选项卡中，可以插入横向文本框、纵向文本框和多行文字，如图 2-3-37 所示。

图 2-3-37　插入文本框方法

插入文本框后，会自动出现"绘图工具"和"文本工具"选项卡，在文本框的右侧还会出现快速访问工具栏，利用选项卡和快速访问工具栏中的相关按钮可对文本框及其内容进行设置、编辑、美化等，如图 2-3-38 所示。

图 2-3-38　文本格式设置工具

## 四、插入智能图形

智能图形是信息和观点的视觉表示形式，可以通过选择适合信息的版式进行创建。使用智能图形能更直观、更专业地表达用户的观点。WPS 提供了列表、循环、流程等类型的智能图形，如图 2-3-39 所示。

图 2-3-39　智能图形类型

插入智能图形后，会自动出现"设计"和"格式"选项卡，利用"设计"选项卡可以对插入的智能图形进行布局、样式、颜色、排列等设置，或调整智能图形中各形状的位置，如图 2-3-40 所示。

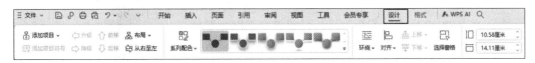

图 2-3-40　"设计"选项卡

利用"格式"选项卡可以设置智能图形的样式、字体、对齐方式等，如图 2-3-41 所示。

图 2-3-41　"格式"选项卡

**关联图谱**

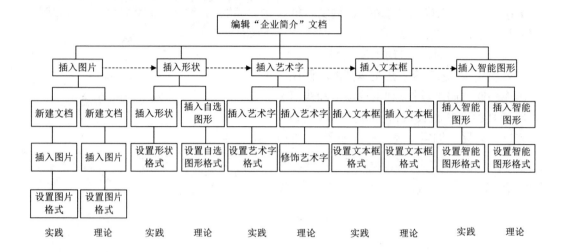

**自测习题**

## 一、选择题

1. WPS 文字中的"图片工具"提供的图片裁剪方式为（　　）。
   A. 按范围裁剪　　　　　　　　　B. 按比例裁剪
   C. 按大小裁剪　　　　　　　　　D. 按区域裁剪

2. WPS 文字中，为了将图形置于文字的上一层，应将图形的环绕方式设为（　　）。
   A. 四周型环绕　　　　　　　　　B. 衬于文字下方
   C. 浮于文字上方　　　　　　　　D. 无法实现

3. 在 WPS 文字中，插入的图片与文字之间的环绕方式不包括（　　）。
   A. 上下型环绕　　　　　　　　　B. 左右型环绕
   C. 四周型环绕　　　　　　　　　D. 紧密型环绕

4. 在 WPS 文字中，若想为段落设置首字下沉，要单击（　　）选项卡。
   A."开始"　　　　　　　　　　　B."插入"
   C."页面布局"　　　　　　　　　D."视图"

## 二、简答题

1. 智能图形有几种类型？
2. 如何设置艺术字效果为槽形？
3. 如何实现文本框之间的链接？

# 任务四 制作"图书入库单"文档

## 任务概述

图书入库单是对图书入库数量的确认单，也是对采购人员和供应商的一种监控手段，以避免采购人员与供应商利用非法手段在采购和供应环节舞弊，从而造成企业损失。下面利用 WPS 提供的表格处理功能制作"图书入库单"文档，并介绍在 WPS 中创建、编辑、美化表格和计算表格数据等一系列操作。

## 任务目标

制作"图书入库单"
文档相关知识讲解

### 📖知识目标

1. 认识表格。
2. 掌握选中表格的几种方法。
3. 掌握创建表格的方法和输入文本的方法。

### 📖技能目标

1. 掌握表格与文本的相互转换方法。
2. 能在 WPS 文档中进行表格数据的计算。

### 📖素养目标

1. 培养学生细致认真、精益求精的精神品质。
2. 培养学生严谨的工作态度和认真负责的工作作风。

## 实践训练

### 一、创建表格并输入文本

在 WPS 文档中适当使用表格可以更好地展现文本，让读者能够直观地了解原本杂乱无章的内容或数据。新建并保存"图书入库单.docx"文档，并在其中创建表格，具体操作如下。

步骤 1：新建并保存"图书入库单.docx"文档，在该文档中输入"图书入库单"文本后，按"Enter"键换行。

步骤 2：将标题文本的字体格式设置为"方正兰亭中黑简体、小一"，段落格式设置为"居中、段后 0.5 行"。

步骤 3：手动绘制表格。将文本插入点定位至空行中，单击"插入"选项卡中"表格"下拉按钮，在弹出的下拉列表中选择"插入表格"选项，打开"插入表格"对话框，在"表格尺寸"选项组中的"列数"文本框和"行数"文本框中分别输入"8"和"12"，单击"确定"按钮，如图 2-4-1 所示。

步骤 4：将文本插入点定位至表格的第一个单元格中，输入各项目文本和具体的项目内容（其中"金额/元"项目中的内容不填，后期通过计算得到），如图 2-4-2 所示。

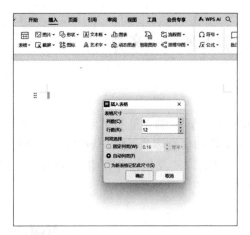

图 2-4-1　设置表格尺寸

图书入库单

| 序号 | 书名 | 单位 | 单价/元 | 数量/本 | 金额/元 | 入库日期 | 备注 |
|---|---|---|---|---|---|---|---|
| 1 | 父与子全集 | 本 | 35 | 25 | 875 | 2023.3.20 | |
| 2 | 古代汉语词典 | 本 | 119.9 | 50 | 5995 | 2023.3.20 | |
| 3 | 世界很大，幸好有你 | 本 | 39 | 12 | 468 | 2023.3.20 | |
| 4 | Photoshop CC 图像处理 | 本 | 48 | 30 | 1440 | 2023.3.20 | |
| 5 | 疯狂英语 90 句 | 本 | 19.8 | 15 | 297 | 2023.3.20 | |
| 6 | 窗边的小豆豆 | 本 | 25 | 75 | 1875 | 2023.3.20 | |
| 7 | 只属于我的视界：手机摄影自白书 | 本 | 58 | 23 | 1334 | 2023.3.20 | |
| 8 | 黑白花意：笔尖下的 87 朵花之绘 | 本 | 29.8 | 35 | 1043 | 2023.3.20 | |
| 9 | 小王子 | 本 | 20 | 55 | 1100 | 2023.3.20 | |
| 10 | 配色设计原理 | 本 | 59 | 30 | 1770 | 2023.3.20 | |
| 11 | 基本乐理 | 本 | 38 | 12 | 456 | 2023.3.20 | |

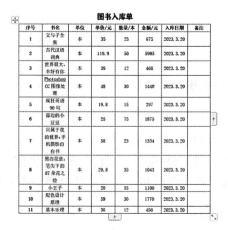

图 2-4-2　输入表格内容

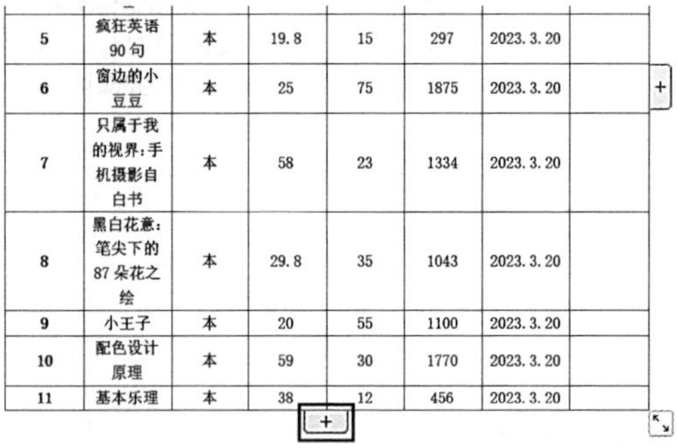

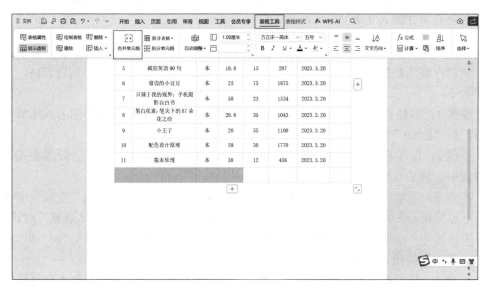

图 2-4-3　增加行

## 二、编辑表格

创建表格后，用户可根据实际情况调整表格的布局和内容，这里需要为“图书入库单”表格增加一行，用以计算合计数据，具体操作如下。

步骤 1：选中整行表格将鼠标指针移至表格左下角，单击出现的“增加行”按钮，如图 2-4-3 所示。

步骤 2：选中新增行中的前 4 个单元格，单击“表格工具”选项卡中的“合并单元格”按钮，如图 2-4-4 所示。

图 2-4-4　合并单元格

步骤3：在合并的单元格中输入"合计"文本，并在该行的最后两个单元格中输入"/"符号，如图2-4-5所示。

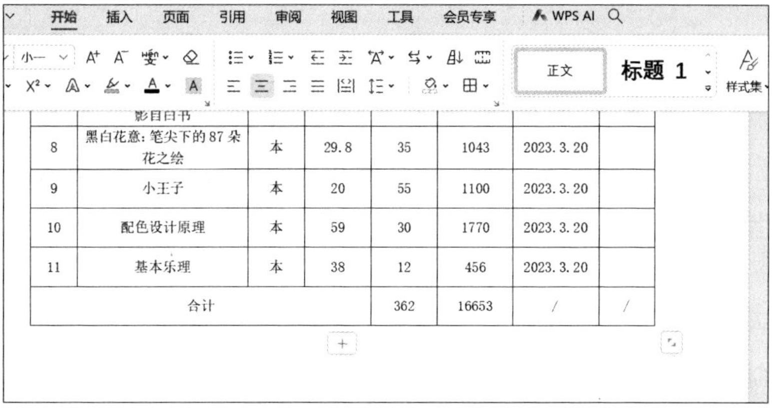

图2-4-5　输入文本和符号

### 三、计算表格数据

WPS 具备简单的计算功能，可以完成一些简单的计算操作。下面利用该功能计算各图书的入库金额，以及汇总所有图书的入库数量和入库总金额，具体操作如下。

步骤1：将文本插入点定位至"金额/元"项目下的第一个单元格中，单击"表格工具"选项卡中的"公式"按钮，如图2-4-6所示。

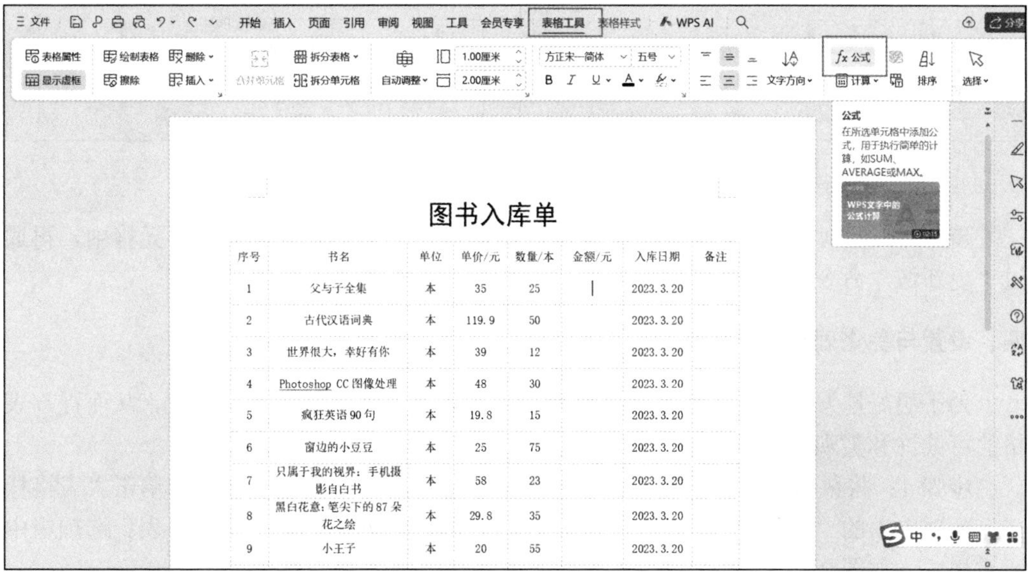

图2-4-6　选择"公式"选项

步骤2：打开"公式"对话框，在"公式"文本框中输入公式"=PRODUCT(LEFT)"，表示计算左侧数量与单价的乘积，单击"确定"按钮，如图2-4-7所示。

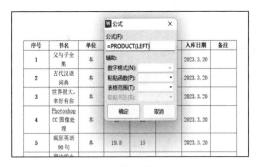

图 2-4-7　输入公式（1）

步骤 3：复制该单元格中的计算结果，将其粘贴到下方的其他单元格中，在"金额/元"项目下的第二个单元格中单击以定位文本插入点，再右击，在弹出的快捷菜单中选择"更新域"命令，如图 2-4-8 所示。

步骤 4：按照相同的方法更新其他单元格中的计算结果，快速得到其他图书的入库金额。

步骤 5：将文本插入点定位至与"合计"单元格相邻的右侧单元格中，单击"表格工具"选项卡中"公式"按钮，打开"公式"对话框，在"公式"文本框中输入公式"=SUM(ABOVE)"，表示计算上方所有数据之和，单击"确定"按钮，如图 2-4-9 所示。

图 2-4-8　选择"更新域"命令

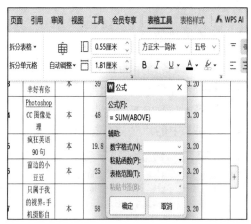

图 2-4-9　输入公式（2）

步骤 6：复制该单元格中的计算结果，将其粘贴到与其相邻的右侧单元格中，再通过"更新域"命令更新计算结果。

## 四、设置与美化表格

为了更好地发挥表格展示内容的作用，还可以对表格进行适当的美化，从而提高表格的可读性和美观性，具体操作如下。

步骤 1：将鼠标指针移至表格上，单击左上角出现的"全选"按钮，单击"表格样式"选项卡中的"表格样式"下拉按钮，在打开的下拉列表中选择"网格表"选项组中所需样式，如图 2-4-10 所示。

步骤 2：保持整个表格处于选中状态，单击"表格工具"选项卡中的"水平居中"按钮，如图 2-4-11 所示。

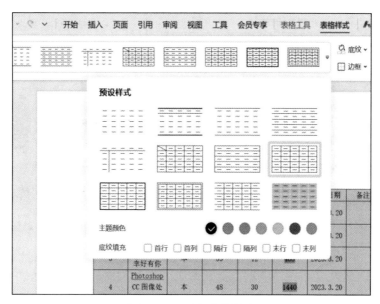

图 2-4-10 选择表格样式

## 图书入库单

| 序号 | 书名 | 单位 | 单价/元 | 数量/本 | 金额/元 | 入库日期 | 备注 |
|------|------|------|---------|---------|---------|----------|------|
| 1 | 父与子全集 | 本 | 35 | 25 | | 2023.3.20 | |
| 2 | 古代汉语词典 | 本 | 119.9 | 50 | | 2023.3.20 | |
| 3 | 世界很大，幸好有你 | 本 | 39 | 12 | | 2023.3.20 | |
| 4 | Photoshop CC 图像处理 | 本 | 48 | 30 | | 2023.3.20 | |
| 5 | 疯狂英语90句 | 本 | 19.8 | 15 | | 2023.3.20 | |
| 6 | 窗边的小豆豆 | 本 | 25 | 75 | | 2023.3.20 | |
| 7 | 只属于我的视界：手机摄影自白书 | 本 | 58 | 23 | | 2023.3.20 | |
| 8 | 黑白花意：笔尖下的87朵花之绘 | 本 | 29.8 | 35 | | 2023.3.20 | |
| 9 | 小王子 | 本 | 20 | 55 | | 2023.3.20 | |
| 10 | 配色设计原理 | 本 | 59 | 30 | | 2023.3.20 | |

图 2-4-11 设置对齐方式

步骤 3：在"开始"选项卡中将表格字体设置为"方正宋一简体"，将鼠标指针移至"书名"项目所在列的右侧分隔线上，当其变为←‖→形状时，按住鼠标左键并向左拖曳以调整该列的宽度，如图 2-4-12 所示。

步骤 4：按照相同的方法调整其他列的宽度，并全选表格，在"表格工具"选项卡中的"高度"文本框中输入"1 厘米"，如图 2-4-13 所示，按"Ctrl+S"组合键保存文档。

图 2-4-12　调整列宽　　　　　　　　　　图 2-4-13　调整行高

## 相关知识

### 一、插入表格的方法

在 WPS 中插入表格的方法主要有快速插入、精准插入和手动绘制三种。

#### 1. 快速插入表格

将文本插入点定位至需要插入表格的位置，在"插入"选项卡中单击"表格"下拉按钮，在弹出的下拉列表中将鼠标指针定位至"插入表格"选项组中的某个单元格上，此时呈橙色显示的单元格即为将要插入的表格，单击即可完成插入表格的操作，如图 2-4-14 所示。

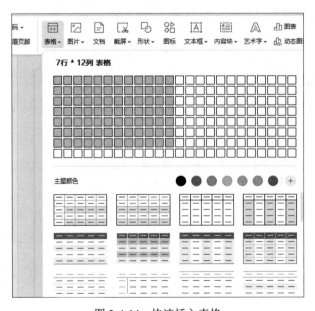

图 2-4-14　快速插入表格

## 2. 精准插入表格

精准插入表格适合在表格行列数较多或需要设置表格布局的情况下使用，方法如下：在"插入"选项卡中单击"表格"下拉按钮，在弹出的下拉列表中选择"插入表格"选项，打开"插入表格"对话框，在"表格尺寸"栏中设置好所需列数和行数，选中"自动列宽"单选按钮，单击"确定"按钮，如图 2-4-15 所示。

图 2-4-15　精准插入表格

## 3. 手动绘制表格

如果想创建一些结构较复杂的表格，则可通过手动绘制的方式创建，方法如下：在"插入"选项卡中单击"表格"下拉按钮，在弹出的下拉列表中选择"绘制表格"选项，进入绘制表格状态，此时鼠标指针将变为 ✎ 形状。在需要插入表格的位置按住鼠标左键进行拖曳，释放鼠标左键后将绘制出表格的外边框；在外边框内按住鼠标左键进行拖曳，可在表格中绘制横线、竖线和斜线，从而将绘制的外边框分割成若干个单元格，最终形成各种样式的表格，如图 2-4-16 所示。表格绘制完成后，按"Esc"键即可退出表格绘制状态。

## 二、选中表格

选中表格是编辑表格的前提，在 WPS 中选中表格有以下三种常见情况。

## 1. 选中整行表格

选中整行表格的方法如下。

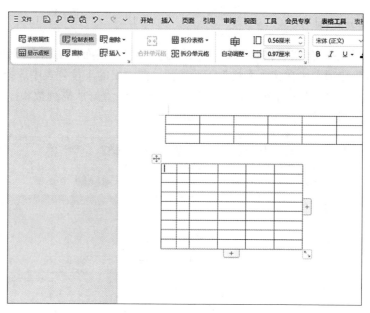

图 2-4-16　手动绘制表格

（1）将鼠标指针移至表格左侧，当其变为 ⊿ 形状时，单击可选中整行。如果按住鼠标左键向上或向下拖曳，则可选中多行表格。

（2）在需要选中的行中单击任意一个单元格，在"表格工具"选项卡中单击"选择"下拉按钮，在弹出的下拉列表中选择"行"选项。

**2. 选中整列表格**

选中整列表格的方法如下。

（1）将鼠标指针移至表格上方，当其变为 ↓ 形状时，单击可选中整列。如果按住鼠标左键向左或向右拖曳，则可选中多列表格。

（2）在需要选中的列中单击任意一个单元格，在"表格工具"选项卡中单击"选择"下拉按钮，在弹出的下拉列表中选择"列"选项。

**3. 选中整个表格**

选中整个表格的方法如下。

（1）将鼠标指针移至表格区域，单击表格左上角出现的"全选"按钮，可选中整个表格。

（2）将文本插入点定位至表格的第一个单元格中，按住鼠标左键拖曳至最后一个单元格，释放鼠标左键后可选中整个表格（选中整行、整列、多行或多列单元格也可通过此操作实现）。

（3）在表格内单击任意一个单元格，在"表格工具"选项卡中单击"选择"下拉按钮，在弹出的下拉列表中选择"表格"选项。

### 三、表格与文本的相互转换

为了进一步提高表格和文本的编辑效率，WPS 提供了可以直接将表格转换为文本，或将文本直接转换为表格的功能。

#### 1. 将表格转换为文本

选中整个表格，在"表格工具"选项卡中单击"转为文本"按钮，打开"表格转换成文本"对话框，在"文字分隔符"栏中选中合适的文字分隔符，单击"确定"按钮；返回文档后，表格已转换为文本，且文本之间的分隔符是刚才选择的分隔符。

#### 2. 将文本转换为表格

选中需要转换为表格的文本（各文本之间需要有统一的分隔符，如制表符、空格、逗号等），在"插入"选项卡中单击"表格"下拉按钮，在弹出的下拉列表中选择"文本转换成表格"选项，打开"将文字转换成表格"对话框，直接单击"确定"按钮。

### ▌▌ 关联图谱 ▬▬▬▬▬▬▬▬▬▬▬▬▬▬▬▬▬▬

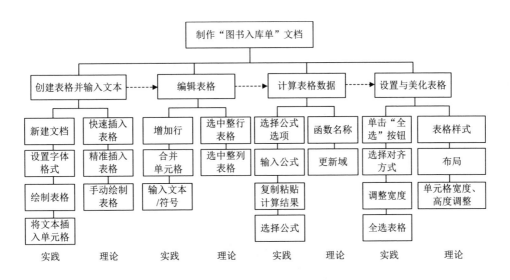

### ▬▬▬▬ 自 测 习 题 ▬▬▬▬

### 一、选择题

1. 在 WPS 文档中绘制表格可以通过（　　）选项卡实现。
   A. "开始"　　　　　　　　　　B. "插入"
   C. "页面"　　　　　　　　　　D. "视图"

2. 在 WPS 文档绘制的表格中，要合并两个单元格可以使用（　　）功能。
   A. 拆分单元格　　　　　　　　B. 合并单元格

C. 插入单元格　　　　　　　　D. 删除单元格

3. 在 WPS 文档绘制的表格中，要调整表格的行高，可以通过（　　）方式。

　　A. 拖动表格边框　　　　　　　　B. 在表格属性中设置

　　C. 在段落设置中调整　　　　　　D. 在页面设置中调整

4. 在 WPS 文档中绘制表格后，要在表格中插入一行，可以使用（　　）功能。

　　A. 插入行　　　　B. 插入列　　　　C. 拆分单元格　　　　D. 合并单元格

5. WPS 文档绘制的表格边框可以设置为（　　）样式。

　　A. 实线　　　　　　B. 虚线　　　　　　C. 点线　　　　　　D. 波浪线

6. 在 WPS 中，将文本转换成表格时，可以通过（　　）选项卡进行操作。

　　A. "开始"　　　B. "插入"　　　C. "页面"　　　　D. "视图"

7. 将文本转换成表格时，（　　）可以作为分隔符。

　　A. 逗号　　　　　B. 空格　　　　　C. 制表符　　　　D. 以上都可以

8. 在 WPS 中，将文本转换成表格时，若文本中没有明显的分隔符，但内容有规律的段落，（　　）方法可能较难成功转换。

　　A. 手动添加分隔符后转换　　　　B. 尝试不同的默认分隔符进行转换

　　C. 直接转换不做任何处理　　　　D. 将文本复制到记事本后再进行转换

9. 在 WPS 中，要设置表格的边框颜色，可以通过（　　）操作实现。

　　A. 在表格样式中选择预设边框颜色　　B. 在段落格式中设置边框颜色

　　C. 在字体格式中设置边框颜色　　　　D. 在页面布局中设置边框颜色

10. 在 WPS 中，想要美化表格使其具有立体感，可以使用（　　）操作。

　　A. 为表格添加阴影效果　　　　　B. 为表格添加下划线

　　C. 为表格设置加粗字体　　　　　D. 为表格设置斜体字

**二、简答题**

1. 简述在 WPS 中如何将文本转换成表格。

2. 简述在 WPS 中可以通过哪些方法设置与美化表格。

# 任务五　编辑"毕业论文"文档

## ⚡ 任务概述

　　毕业论文考查的是学生对所学知识的掌握能力和应用能力，也是学生多年学习成果的最终体现。撰写毕业论文能提高学生的写作水平，锻炼学生的实践能力，为学生进入社会奠定基础。毕业论文的撰写需要经过开题报告、论文撰写、论文上交评定、论文答辩及论文评分五个环节，其中论文撰写环节是指在准备好相关资料后，用 WPS 将资料录入并将其编辑成电子文档，对其进行格式设置后，最终得到一篇格式规范的论文。本任务将在 WPS 中编辑"毕业论文"文档，介绍在 WPS 中应用样式、设置页面、使用分隔符等操作。

## ⚡ 任务目标

### 📖 知识目标

1. 认识各种分隔符。
2. 掌握页面设置方法。
3. 掌握文档排版中样式设置方法。

### 📖 技能目标

1. 掌握文档中样式、目录等高级操作方法。
2. 能在 WPS 文档中进行高级排版编辑。

### 📖 素养目标

1. 培养学生细致认真、精益求精的精神品质。
2. 培养学生严谨的工作态度和认真负责的工作作风。

编辑"毕业论文"文档
相关知识讲解

## ⚡ 实践训练

### 一、使用样式快速设置文档内容

样式是预设了一定格式的对象，为文本或段落应用样式，可以快速对其进行格式设置。下面在"毕业论文.docx"文档中设置并应用样式，具体操作如下。

步骤 1：打开"毕业论文.docx"文档，在"开始"选项卡中"样式"下拉列表中的"标题 1"选项上右击，在弹出的快捷菜单中选择"修改样式"命令，如图 2-5-1 所示。

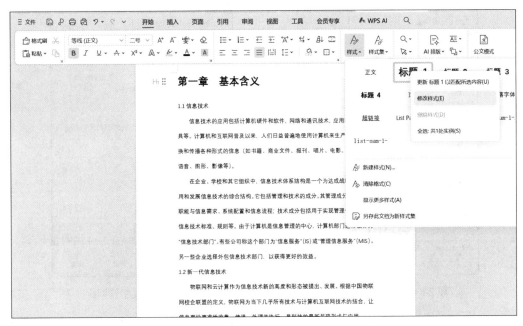

图 2-5-1　修改样式

步骤 2：打开"修改样式"对话框，单击"格式"下拉按钮，在弹出的下拉列表中选择"字体"选项，如图 2-5-2 所示。

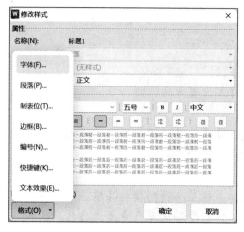

图 2-5-2 选择"字体"选项

步骤 3：打开"字体"对话框，在"字体"选项卡的"中文字体"下拉列表中选择"黑体"选项，在"字号"下拉列表中选择"小初"选项，在"下划线类型"下拉列表中选择图 2-5-3 所示的类型。

步骤 4：选择"字符间距"选项卡，在"字符间距"选项组中的"间距"下拉列表中选择"加宽"选项，在其右侧的"度量值"文本框中输入"5"，单击"确定"按钮，如图 2-5-4 所示。

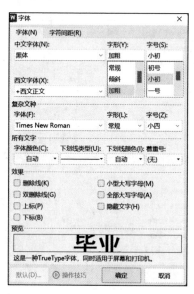

图 2-5-3 设置字体格式

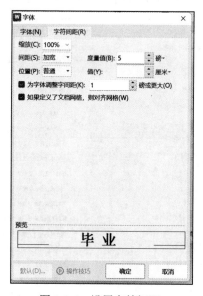

图 2-5-4 设置字符间距

步骤 5：返回"修改样式"对话框，单击"格式"下拉按钮，在弹出的下拉列表中选择"段落"选项，打开"段落"对话框，在"缩进和间距"选项卡的"缩进"选项组中设置"特殊格式"为"（无）"，在"间距"选项组中设置"段前"和"段后"均为"12

磅"，如图 2-5-5 所示，依次单击"确定"按钮完成"标题"样式的修改。

步骤 6：选择标题"毕业论文"，在"开始"选项卡中的"样式"列表中选择"标题 1"选项，为该文本应用修改后的样式，如图 2-5-6 所示。

图 2-5-5　设置段落格式　　　　　　　　图 2-5-6　应用标题 1 格式

步骤 7：同时选择"提纲""目录""摘要"文本为它们应用"目录 1"样式。

步骤 8：在"开始"选项卡中的"样式"列表中选择"新建样式"选项，打开"新建样式"对话框，在"名称"文本框中输入新样式的名称"标题 2"，按图 2-5-7 所示内容进行修改，单击"确定"按钮。

步骤 9：对标题 3 修改样式，打开"修改样式"对话框，在"格式"选项组中设置字体为"宋体"，字号为"三号"，再单击"左对齐"按钮，如图 2-5-8 所示。

图 2-5-7　"新建样式"对话框　　　　　　图 2-5-8　设置样式格式

步骤 10：在图 2-5-8 所示对话框中单击"格式"下拉按钮，在弹出的下拉列表中选择"段落"选项，打开"段落"对话框，在"缩进和间距"选项卡中设置"特殊格式"

为"首行缩进"、"度量值"为"2 字符"，"段前"和"段后"间距均为"0 磅"，"行距"为"单倍行距"，依次单击"确定"按钮完成"标题 3"样式的新建。

步骤 11：同时选择其余标题段落，为它们应用新建的"标题 3"样式。

### 二、调整文档的页面大小和页边距

WPS 文档的页面可以根据需要自行设置。下面对"毕业论文.docx"文档的页面大小和页边距进行适当的调整，具体操作如下。

步骤 1：在"页面"选项卡中单击"纸张大小"下拉按钮，在弹出的下拉列表中选择"其他纸张大小"选项，如图 2-5-9 所示。

步骤 2：打开"页面设置"对话框，如图 2-5-10 所示，在"纸张"选项卡中的"纸张大小"选项组中将"高度"设置为"14 厘米"。

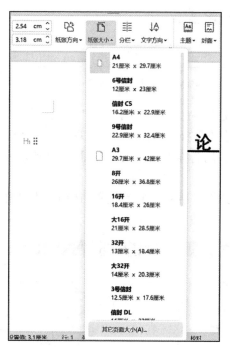

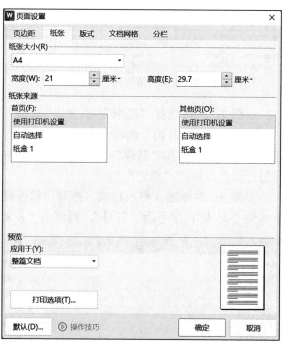

图 2-5-9　设置纸张大小命令选项　　图 2-5-10　"页面设置"对话框中"纸张"选项卡

步骤 3：选择"页边距"选项卡，在"页边距"选项组中的"左""右"文本框中输入"3 厘米"，如图 2-5-11 所示，单击"确定"按钮。

步骤 4：返回文档后，可查看调整文档页面大小和页边距后的效果。

### 三、利用分页符控制页面内容

利用分页符可以控制文档内容，从而按需求调整页面。下面在"毕业论文.docx"文档中插入分页符，具体操作如下。

步骤 1：将文本插入点定位至第 2 页"目录"文本前，在"插入"选项卡中单击"分页"下拉按钮，在打开的下拉列表中选择"分页符"选项，如图 2-5-12 所示。

图 2-5-11　"页面设置"对话框中"页边距"选项卡

步骤 2：插入分页符后，"目录"文本及"目录"文本下方的所有内容将从新的一页开始显示，分页效果如图 2-5-13 所示。

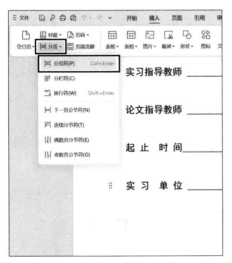

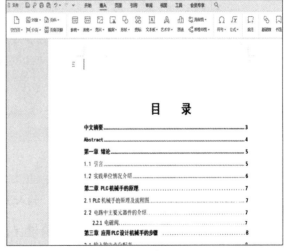

图 2-5-12　插入分页符　　　　　图 2-5-13　分页效果显示

步骤 3：按照相同的方法在第 3 页的"摘要"文本前插入分页符，使"摘要"文本及"摘要"文本下方的所有内容从新的一页开始显示。

### 四、为文档添加脚注

脚注是对文档中的某些词汇或者内容进行补充性说明的注文，一般添加在当前页面的底部。脚注由两个关联的部分组成：注释引用标记及其对应的注释文本。下面为"毕业论文.docx"文档添加脚注，具体操作如下。

步骤 1：在想要插入脚注的起始位置单击以定位插入点，然后在"引用"选项卡中单击"插入脚注"按钮，如图 2-5-14 所示。

图 2-5-14　单击"插入脚注"按钮

步骤 2：此时，插入点自动跳转至当前页面的底部，并标注好编码，在此处输入脚注的内容，如图 2-5-15 所示，完成脚注添加操作。

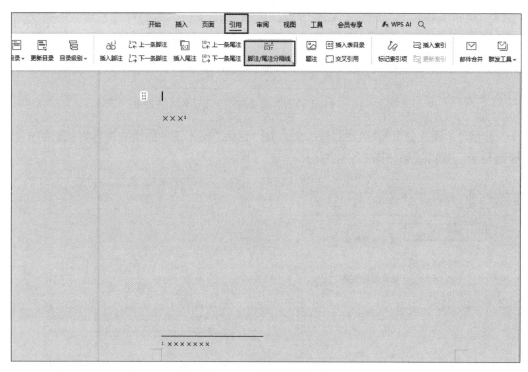

图 2-5-15　输入注释内容

步骤 3：确认无误后按"Ctrl+S"组合键保存。

### 相关知识

#### 一、认识各种分隔符

分隔符的作用是控制文档内容在页面中的显示位置。WPS 为用户提供了两类分隔符，分别是分页符（包括分页符、分栏符、自动换行符）和分节符。在编辑文档时，若要分隔文档，则可在"插入"选项卡中单击"分页"下拉按钮，在弹出的下拉列表中选择需要的分隔符。下面简要介绍各种分隔符的作用。

（1）分页符：将分页符后的内容强制显示到下一页。

（2）分栏符：若已将文档分栏，则该分栏符后的内容将显示至下一栏；若未分栏，则该分栏符后的内容将显示至下一页。

（3）自动换行符：对文档中的文本实现"软回车"的换行效果，可直接按"Shift+Enter"组合键快速实现。插入自动换行符后，文本虽然会换行显示，但换行后的文本仍然属于上一段，它们具有相同的段落属性。

（4）分节符：包括"下一页""连续""偶数页""奇数页"等类型，插入相应的分节符后，可使文本或段落分节，同时余下的内容将根据所选分节符类型在下一页、本页、下一偶数页或下一奇数页中显示。

## 二、页面设置

页面设置主要是指对页面的纸张大小、纸张方向和页边距等进行设置。WPS 默认的页面纸张大小为 A4（21 厘米×29.7 厘米），纸张方向为纵向，页边距为常规。根据制作文档的实际需要，用户可在"页面"选项卡中通过单击相应的按钮来对这些设置进行修改。

（1）单击"纸张大小"下拉按钮，在弹出的下拉列表中可选择其他预设的页面尺寸。若选择"其他页面大小"选项，则可在打开的"页面设置"对话框中自行设置文档页面的宽度和高度。

（2）单击"纸张方向"下拉按钮，在弹出的下拉列表中可选择"纵向"或"横向"选项，以调整页面的显示方向。

（3）单击"页边距"下拉按钮，在弹出的下拉列表中可选择其他预设的页边距选项。若选择"自定义页边距"选项，则可在打开的"页面设置"对话框中自定义页面版心与文档上、下、左、右边缘的距离。

**关联图谱**

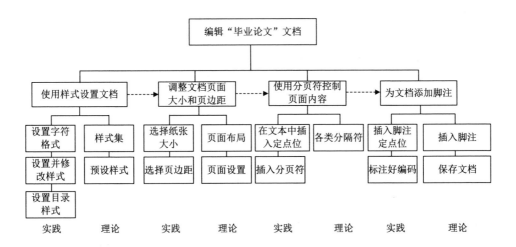

# 自 测 习 题

## 一、选择题

1. 在 WPS 文字中，分页符的主要作用是（　　）。
   A. 将文档分成不同的章节
   B. 在同一页面内进行布局调整
   C. 将文档内容从一个页面分隔到下一个页面
   D. 改变字体格式

2. 分节符在 WPS 中的作用不包括（　　）。
   A. 为不同的节设置不同的页面格式
   B. 在同一文档中实现不同的页码编排
   C. 将文档分成不同的段落
   D. 允许在同一文档中使用不同的页眉和页脚

3. 在 WPS 文档中，若要在某一位置插入分页符，可以使用（　　）组合键。
   A.“Ctrl+Enter”　　B.“Ctrl+Shift”　　C.“Ctrl+Alt”　　D.“Ctrl+Space”

4. 以下关于 WPS 中分节符的说法正确的是（　　）。
   A. 分节符只能在文档开头插入
   B. 分节符插入后不能删除
   C. 不同类型的分节符作用相同
   D. 可以根据需要在文档中任意位置插入分节符

5. 在 WPS 中，使用分节符后，可以对不同的节进行（　　）操作。
   A. 设置不同的纸张方向　　　　　　B. 设置不同的页边距
   C. 设置不同的行间距　　　　　　　D. 以上都可以

6. 在 WPS 中，以下不属于页面设置内容的是（　　）。
   A. 字体大小　　　B. 纸张大小　　　C. 页边距　　　D. 纸张方向

7. 在 WPS 页面设置中，要将页面的方向设置为横向，应该在（　　）操作。
   A. 段落格式设置中　　　　　　　　B. 字体设置中
   C. 页面布局的纸张方向设置中　　　D.“插入”选项卡中

8. 在 WPS 中，页面设置中的“页边距”可以调整（　　）。
   A. 页面的左右边距　　　　　　　　B. 页面的上下边距
   C. 装订线位置　　　　　　　　　　D. 以上都可以

9. 在 WPS 中，可以修改文本样式的是（　　）。
   A. 在字体设置中直接修改　　　　　B. 通过“样式”功能进行修改
   C. 在段落格式中修改　　　　　　　D. 在页面布局中修改

10. 在 WPS 中，修改样式后，以下说法正确的是（　　）。
    A. 仅当前文档中的该样式会改变　　B. 所有使用该样式的文档都会改变

C. 只有新建文档会应用新样式　　D. 对已经设置好该样式的文本没有影响

## 二、简答题

1. 简述分页符和分节符在 WPS 中的主要区别。
2. 简述在 WPS 中如何修改样式以及应用样式的意义。

# 任务六　深化"毕业论文"文档

## ⚡ 任务概述

本任务将在 WPS 中深化"毕业论文"文档，介绍编辑"毕业论文"文档的方法，大纲级别的设置、页眉页脚的插入、目录的创建以及多人协同编辑文档等操作。

## ⚡ 任务目标

### 📖 知识目标

1. 认识不同的文档视图。
2. 掌握导航任务窗格的使用。
3. 掌握目录、分节符、页眉页脚、页码的插入方法。

### 📖 技能目标

1. 掌握文档中样式、目录等高级操作方法。
2. 能在 WPS 文档中进行高级排版编辑。
3. 能够多人协同编辑文档等。

### 📖 素养目标

1. 培养学生细致认真、精益求精的精神品质。
2. 培养学生严谨的工作态度和认真负责的工作作风。

## ⚡ 实践训练

### 一、设置段落的大纲级别

在编辑长文档时，需要特别注意各级标题的大纲级别是否正确，因为这会直接影响后续目录的插入（前提已经按照要求完成不同级别标题样式的设置）。下面利用大纲视图调整文档中错误的大纲级别，具体操作如下。

步骤 1：打开"毕业论文.docx"文档，在"视图"选项卡中选择"大纲"选项，如图 2-6-1 所示。

步骤 2：在"视图"选项卡中的"显示级别"下拉列表中选择"显示级别 1"选项，发现"第二章　应用范围"的标题段落没有显示出来，这说明该标题段落的大纲级别有误，如图 2-6-2 所示。

图 2-6-1　进入大纲视图

图 2-6-2　显示级别 1

步骤 3：重新在"视图"选项卡中的"显示级别"下拉列表中选择"显示所有级别"选项，如图 2-6-3 所示。

步骤 4：将文本插入点定位至"第二章　应用范围"段落前方，在"视图"选项卡中单击两次"提升"按钮，将该段落的大纲级别调整为"显示级别 1"，效果如图 2-6-4 所示。

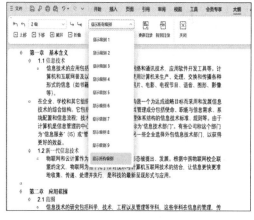

图 2-6-3　显示所有级别

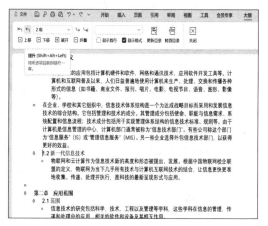

图 2-6-4　调整大纲级别

### 二、插入页眉、页脚和页码

页眉和页脚一般是指文档上方和下方的区域，文档制作者可以在这些区域中添加一些辅助内容，如文档名称、公司名称、部门名称、页码等，使读者可以更加全面地了解文档的基本情况。下面在"毕业论文.docx"文档中插入页眉、页脚和页码，具体操作如下。

步骤 1：在"插入"选项卡中单击"页眉页脚"按钮，如图 2-6-5 所示。

步骤 2：此时光标进入页眉区域，可以单击"页眉"按钮，选择和文档相符的页眉风格，也可以自行编辑页眉，如图 2-6-6 所示。

步骤 3：编辑好页眉后，可以继续在"插入"选项卡中单击"页眉页脚"按钮，设置相应页脚风格，操作方法同页眉设置。

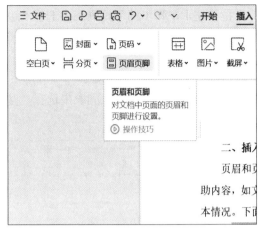

图 2-6-5　选择页眉页脚

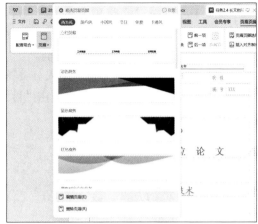

图 2-6-6　编辑页眉风格

步骤 4：在"插入"选项卡中单击"页码"按钮，在"预设样式"中选择"页脚中间"选项，如图 2-6-7 所示。

步骤 5：如果要设置不同的页眉注释，必须将文档各个章节使用分节符隔开。然后双击页眉，光标自动跳转到页眉中，单击"同前节"按钮，取消其选中状态，此时才可以设置不同于前一节的页眉注释，如图 2-6-8 所示。

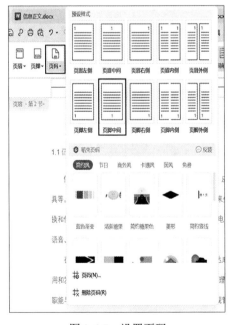

图 2-6-7　设置页码

图 2-6-8　设置不同于前一节的页眉注释

## 三、创建目录

长文档往往需要插入目录，以便读者更好地了解和定位文档内容。因为大纲级别已经预先设置好了，所以这里只需要直接插入目录，并为文档添加封面，具体操作如下。

步骤 1：在"插入"选项卡中单击"封面"下拉按钮，在弹出的下拉列表中选择"边线型"选项，如图 2-6-9 所示，在插入的封面中依次输入毕业论文名称、制作者名称和日期等内容，最后删除副标题文本框。

步骤 2：在文档标题文本前插入分页符，使正文内容从新的一页开始。

步骤 3：在"引用"选项卡中单击"目录"下拉按钮，在弹出的下拉列表中选择"自动目录"选项，如图 2-6-10 所示。

图 2-6-9　插入封面　　　　　　　　　　图 2-6-10　插入目录

步骤 4：因为之前设置了页脚，此时插入的页码并不正确，所以需要更新页码。在"引用"选项卡中单击"更新目录"按钮，打开"更新目录"对话框，选中"只更新页码"单选按钮后，单击"确定"按钮，如图 2-6-11 所示。

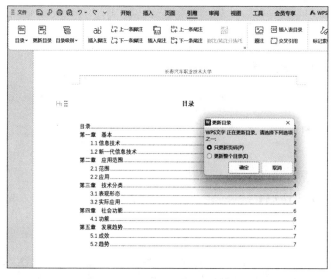

图 2-6-11　更新目录

步骤5：选择插入的"目录"文本，将其字体格式设置为"方正粗黑宋简体、三号"，段落格式设置为"居中对齐、段后间距1行"，并在"目录"文本之间输入2个空格；选择其他目录文本，设置其字体为"方正仿宋简体、五号"，行距为"多倍行距2.7"，效果如图2-6-12所示。

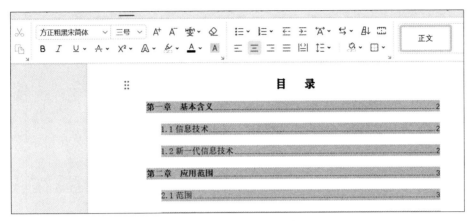

图 2-6-12　目录的设置效果

### 四、实现多人协同编辑文档的操作

当文档内容较多，或需要其他相关人员协助编辑时，就可以利用WPS的修订功能实现多人协同编辑文档，具体操作如下。

步骤1：在"审阅"选项卡中单击"修订"下拉按钮，选择"修订"命令，进入修订状态，如图2-6-13所示。

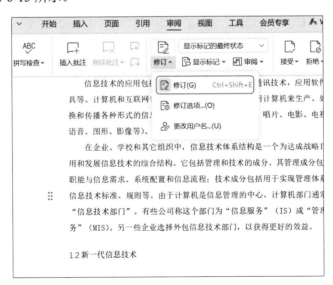

图 2-6-13　进入修订状态

步骤2：按"Ctrl+S"组合键保存文档，关闭"毕业论文.docx"文档，利用QQ等即时通信工具将文档发送给其他人员。

步骤 3：待其他人员对文档进行编辑并保存后，接收其回传的文档并打开，此时在"审阅"下拉列表中选择"审阅人""审阅时间""审阅窗格"选项，定位至修订的位置，如图 2-6-14 所示。

图 2-6-14　审阅查看修改

步骤 4：如果觉得修订无误，则可在"审阅"选项卡"接受"下拉列表中选择"接受修订"选项，以接受修订，如图 2-6-15 所示。

图 2-6-15　接受修订

步骤 5：此时 WPS 将接受修改的内容并定位至下一个修订的位置。若修订无误，则继续选择"接受"下拉列表中的"接受修订"选项，以此类推。

步骤 6：若发现修订的内容有误，则可在"审阅"选项卡中选择"拒绝"下拉列表中的"拒绝所选修订"选项，以拒绝修订，如图 2-6-16 所示。

图 2-6-16　拒绝修订

步骤 7：完成所有修订后，关闭审阅窗格，如图 2-6-17 所示。

步骤 8：在"审阅"选项卡中单击"修订"按钮，退出修订状态，如图 2-6-18 所示，并保存文档。

图 2-6-17　完成修订

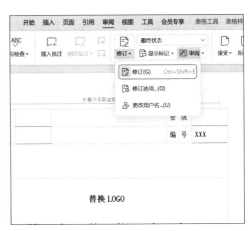

图 2-6-18　退出修订状态

## 相关知识

### 一、认识不同的文档视图

为了满足不同用户的编辑需求，WPS 提供了多种视图模式，不同的视图模式有不同的特点。切换视图模式的方法如下：在"视图"选项卡中单击相应的视图模式按钮可快速切换到不同的视图模式。各视图的作用如下。

#### 1. 阅读视图

此视图采用的是图书翻阅样式，可一屏或多屏同时显示文档内容，适合在浏览文档时使用。切换到该视图后，文档将自动切换为全屏显示状态。若想退出该视图模式，则可按"Esc"键。

#### 2. 页面视图

此视图是 WPS 默认的视图，也是用户常用的视图，它可以显示文档的打印效果外观（包括页眉、页脚、图形对象、分栏设置、页边距等），是最接近打印效果的视图，便于用户更加直观地编辑文档内容。

#### 3. Web 版式视图

此视图以网页的形式显示文档内容。如果文档内容是准备发送的电子邮件或网页内容，那么可以利用该视图来查看文档版式等情况。

#### 4. 大纲视图

此视图适用于设置文档的标题层级和调整文档结构等，特别是对于长文档而言，利用该视图可以更加方便地控制文档内容的层级和排列顺序。

#### 5. 草稿视图

此视图取消了页边距、分栏设置、页眉、页脚和图片等的显示，仅显示标题和正文，可有效节省计算机的硬件资源。

### 二、导航任务窗格的使用

导航任务窗格是浏览、查看和编辑长文档的有效工具，在"视图"选项卡中单击"导航窗格"下拉按钮，在打开的下拉菜单中选择"靠左"命令，可在 WPS 操作界面的左侧打开该任务窗格，利用它可以进行定位、搜索等操作。

#### 1. 定位段落

如果文档中有应用了大纲级别的段落，那么该段落将在导航任务窗格的"标题"选项卡中显示出来。在该窗格中选择某个标题选项后，文本插入点将快速定位至对应的段落中，同时进行页面切换。

### 2. 定位页面

在导航任务窗格中选择"页面"选项卡，下方将显示文档中所有页面的缩略图，单击某个缩略图可快速将文本插入点定位至该页面中，同时进行页面切换。

### 3. 搜索文本

在导航任务窗格中选择"结果"选项卡，在其上方的文本框中输入需要搜索的文本内容后，导航任务窗格会把搜索到的结果显示在该文本框的下方，选择某个选项可快速定位至对应的文本位置，同时进行页面切换。

## ▋关联图谱

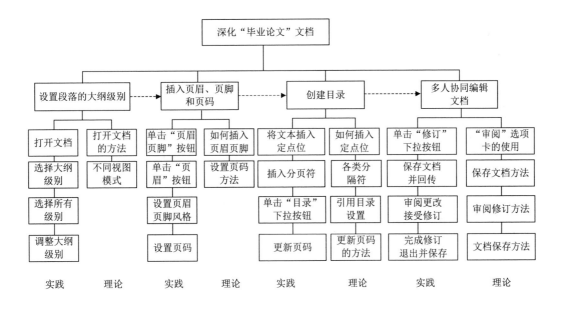

## 自测习题

## 一、选择题

1. 在 WPS 中，大纲级别可以帮助用户（　　）。
   A. 调整字体大小 　　　　　　　B. 进行页面设置
   C. 快速导航和组织文档结构 　　D. 插入图片
2. WPS 中大纲级别的作用是（　　）。
   A. 生成目录 　　　　　　　　　B. 方便文档排版
   C. 突出重点内容 　　　　　　　D. 快速折叠和展开文档内容

3. 在 WPS 中，要设置不同的页眉页脚，可以通过（　　）实现。

    A. 直接在页眉页脚处输入不同内容

    B. 插入分节符，然后分别设置不同节的页眉页脚

    C. 使用复制粘贴功能

    D. 无法设置不同的页眉页脚

4. 在 WPS 文档中，页码通常位于页面的（　　）位置。

    A. 左上角　　　　　B. 右上角　　　　　C. 左下角　　　　　D. 右下角

5. 可以在 WPS 的页眉页脚中插入的是（　　）。

    A. 图片　　　　　　B. 页码　　　　　　C. 日期和时间　　　D. 文档标题

6. 设置 WPS 文档的页码，可以（　　）。

    A. 从指定页码开始编号　　　　　　B. 设置不同的页码格式

    C. 隐藏某些页面的页码　　　　　　D. 改变页码的字体和颜色

7. 在 WPS 中，要创建目录，首先需要对文档内容设置（　　）。

    A. 字体格式　　　B. 段落格式　　　C. 标题样式　　　D. 页边距

8. 创建目录后，如果文档内容发生了变化，要更新目录可以通过（　　）操作。

    A. 重新创建目录　　　　　　　　　B. 在目录处右击选择"更新目录"选项

    C. 无法更新目录　　　　　　　　　D. 关闭文档再打开自动更新

9. 创建目录的好处是（　　）。

    A. 快速定位文档内容　　　　　　　B. 使文档结构更清晰

    C. 方便打印文档　　　　　　　　　D. 提高文档的美观度

10. 在 WPS 中，多人协同编辑文档的主要优势是（　　）。

    A. 提高文档编辑效率　　　　　　　B. 可以统一字体格式

    C. 方便插入图片　　　　　　　　　D. 减少文档存储空间

## 二、简答题

1. 什么是目录？在 WPS 文档中创建目录有什么作用？

2. 如果文档内容发生了变化，如何更新目录？

# 电子表格处理

电子表格既可以用来输入、输出、显示数据，又可以对复杂数据进行计算；同时，还能将大量枯燥无味的数据转变为色彩丰富的商业图表。例如，在学习中利用电子表格可以对某一时段的学习成绩进行汇总与分析，以此来制定合理的学习计划。在工作中，可以利用电子表格来分析产品的销售额，以便制定合理的销售计划。目前常见的电子表格处理软件有 WPS 表格、Excel 等。本项目将通过创建、处理公司职员入职、离职等人事流程的常见应用场景来全面介绍 WPS 2019 中的各种数据处理操作。

## 任务一 创建"试用期员工转正考核表"

### ⚡ 任务概述

试用期是指包括在劳动合同期限内，用人单位对劳动者是否合格进行考核，劳动者对用人单位是否符合自己要求也进行考核的期限，这是一种双方双向选择的表现。一般在试用期快结束时，用人单位会发起转正考核和审批，对试用期员工各方面能力和工作表现进行评估后，再对通过考核的试用期员工予以转正。小李同学为了在试用期结束时顺利转正，他决定使用 WPS Office 制作一份试用期员工转正考核表。

### ⚡ 任务目标

📖 **知识目标**

1. 熟悉 WPS 表格窗口的组成。
2. 掌握 WPS 表格的启动与退出方法。
3. 掌握 WPS 表格的新建、编辑、保存、关闭方法。

📖 **技能目标**

1. 能熟练使用 WPS 表格进行表格的新建、保存、打开、关闭操作。
2. 能熟练使用 WPS 表格进行工作表的插入、删除、移动、复制操作。
3. 能熟练使用 WPS 表格进行工作表的重命名操作。

📖 **素养目标**

1. 培养学生细致认真、精益求精的精神品质。
2. 培养学生严谨的工作态度和认真负责的工作作风。

### 🔧 实践训练

#### 一、新建并保存工作簿

　　步骤 1：启动 WPS Office。单击"开始"菜单，选择"WPS Office"→"WPS Office"选项，或直接双击桌面上的"WPS Office"图标，即可启动 WPS Office。

　　步骤 2：新建表格。单击 WPS Office"首页"窗口左侧的"新建"按钮，选择"表格"选项，如图 3-1-1 所示。在打开的"新建表格"窗口左侧显示了 WPS Office 各个功能的图标，选择"空白表格"选项，如图 3-1-2 所示。此时 WPS Office 会自动创建一个空白工作簿，默认工作簿名称为"工作簿 1"，如图 3-1-3 所示。

图 3-1-1　单击"新建"按钮

图 3-1-2　选择"空白表格"选项

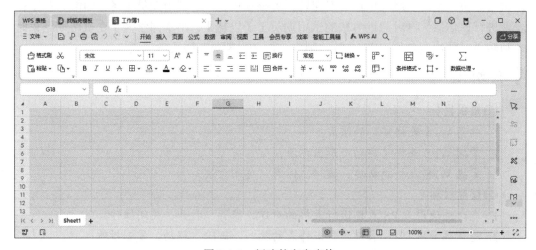

图 3-1-3　新建的空白表格

　　步骤 3：保存工作簿。单击快速访问工具栏中的"保存"按钮，或打开"文件"菜单，选择"保存"命令，或按"Ctrl+S"组合键，如图 3-1-4 所示，即可保存工作簿 1。

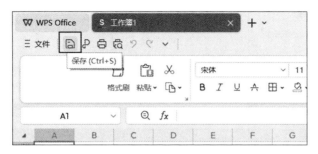

图 3-1-4　保存工作簿 1

　　第一次保存时会打开"另存为"对话框。在对话框的左侧选择工作簿的保存位置，这里选择"桌面/电子表格案例/"；在"文件名称"文本框中输入工作簿的名称"试用期员工转正考核表"；在"文件类型"下拉列表中选择要保存的文件类型，WPS 表格的默认扩展名为".et"，但为了方便 Office 用户编辑 WPS 表格创建的工作簿，所以选择默认的"Microsoft Excel 文件（*.xlsx）"选项，然后单击"保存"按钮，如图 3-1-5 所示。

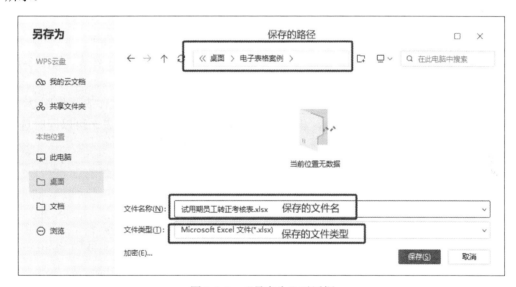

图 3-1-5　"另存为"对话框

## 二、工作表的基本操作

　　步骤 1：新建和插入工作表。在"试用期员工转正考核表.xlsx"工作簿中的"Sheet1"工作表标签上右击，在弹出的快捷菜单中选择"插入工作表"命令，如图 3-1-6（a）所示。弹出"插入工作表"对话框，输入插入数目"1"，选中"当前工作表之后（A）"单选按钮，单击"确定"按钮，如图 3-1-6（b）所示。返回操作界面后，"Sheet1"工作表的右侧将插入一张名为"Sheet2"的空白工作表，如图 3-1-6（c）所示。

（a）选择"插入工作表"命令

（b）确定插入数目和位置

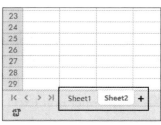

（c）插入"Sheet2"工作表

图 3-1-6　插入工作表

　　单击"Sheet1"工作表标签右侧的"+"按钮，也可新建一张空白工作表，如图 3-1-7 所示。

　　步骤 2：选择工作表。单击相应的工作表标签可以选择对应的工作表，如图 3-1-8 和图 3-1-9 所示。按住"Ctrl"键，再单击"Sheet1""Sheet2"工作表，可以同时选择多张工作表，如图 3-1-10 所示。

图 3-1-7　新建工作表

图 3-1-8　选择"Sheet1"工作表

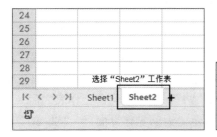

图 3-1-9　选择"Sheet2"工作表

图 3-1-10　选择多张工作表

步骤3：删除工作表。按照之前的操作，插入一张工作表"Sheet2"，在"Sheet2"工作表标签上右击，在弹出的快捷菜单中选择"删除"命令，如图3-1-11所示，返回工作表后，可以发现"Sheet2"工作表已被删除。

步骤4：移动和复制工作表。在"Sheet1"工作表标签上右击，在弹出的快捷菜单中选择"移动"命令，如图3-1-12（a）所示。保持"工作簿"下拉列表中的默认设置，在"下列选定工作表之前"列表框中选择"Sheet1"选项，不选中"建立副本"复选框，单击"确定"按钮，如图3-1-12（b）所示。返回工作表后，可以发现"Sheet1"和"Sheet2"工作表的顺序已发生变化，如图3-1-12（c）所示。

在"Sheet2"工作表标签上右击，在弹出的快捷菜单中选择"创建副本"命令，如图3-1-13（a）所示。在"Sheet2"工作表后新增一张名为"Sheet2（2）"的工作表，这就是创建的副本，如图3-1-13（b）所示。

图3-1-11　删除工作表

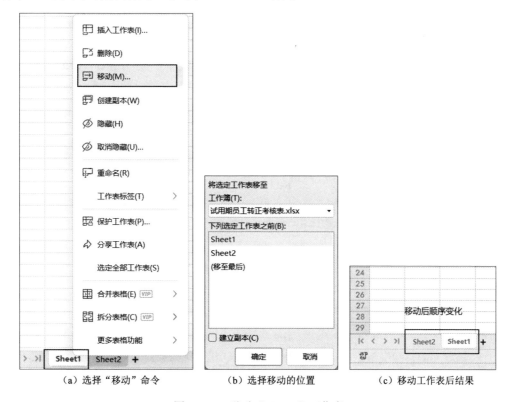

（a）选择"移动"命令　　（b）选择移动的位置　　（c）移动工作表后结果

图3-1-12　移动"Sheet1"工作表

步骤5：工作表重命名。工作表的默认名称为"Sheet1""Sheet2""Sheet3"……为了便于查询，可以重命名工作表。在"Sheet2（2）"工作表标签上右击，在弹出的快捷

（a）选择"创建副本"命令　　　　　　（b）复制后的工作表

图 3-1-13　复制"Sheet2"工作表

菜单中选择"重命名"命令，如图 3-1-14（a）所示。也可以直接双击"Sheet2（2）"工作表标签，此时被选中的工作表标签将呈现可编辑状态，且该工作表的名称会自动呈蓝底白字状态显示。直接输入"试用期员工转正考核表"文本，按"Enter"键或单击工作表的任意位置以退出编辑状态，如图 3-1-14（b）所示。

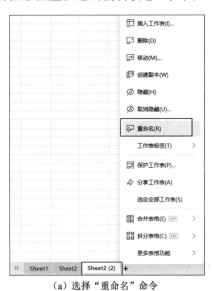

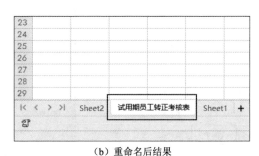

（a）选择"重命名"命令　　　　　　（b）重命名后结果

图 3-1-14　工作表的重命名操作

**三、工作表的美化**

步骤 1：设置工作表主题。工作表创建之后，WPS 会有默认的主题颜色，用户也可以自行修改主题。

　　单击"页面"选项卡，选择"主题"下拉列表中的"主题"命令，选择自己喜欢的主题颜色，如图 3-1-15 所示。回到工作表中，在"开始"选项卡中的"填充颜色"部分即可观察到主题颜色的变化，如图 3-1-16 所示。

图 3-1-15　设置工作表的主题

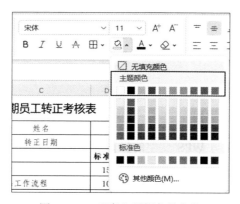

图 3-1-16　观察主题颜色的变化

　　在"试用期员工转正考核表"工作表中，单击"页面"选项卡中的"背景图片"按钮，在弹出的"工作表背景"窗口中选择已有的图片，单击"打开"按钮，即可将图片设置为工作表的背景，如图 3-1-17 所示。

图 3-1-17　设置工作表背景

步骤 2：设置工作表标签颜色。为了更好地区分不同的工作表，可以对工作表的标签设置特殊的颜色。

在工作表标签上右击，选择"工作表标签"选项，选择"标签颜色"命令，在弹出的主题颜色中选择喜欢的颜色即可，如图 3-1-18 所示。

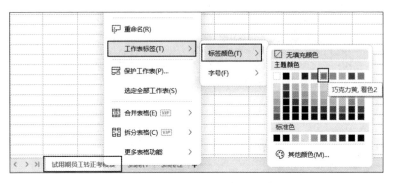

图 3-1-18　设置工作表标签颜色

## ⚡ 相关知识

### 一、熟悉 WPS 表格的编辑界面

WPS 表格的操作界面与 WPS 文字的操作界面基本类似，除了有与 WPS 文字相同的部分外，还包括名称框、编辑栏、行号、列标、工作表编辑区和工作表标签等不同的部分，界面如图 3-1-19 所示。

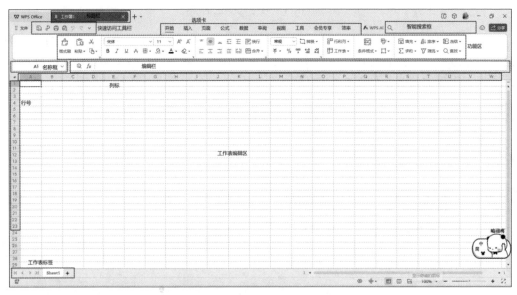

图 3-1-19　WPS 表格窗口组成

- 标题栏：用于显示工作簿名称及关闭工作簿。

- "文件"菜单：用于工作表的新建、打开、保存、输出和打印等操作。
- 快速访问工具栏：用于放置使用频率较高的命令按钮。默认情况下，该工具栏包含"保存"按钮、"输出为PDF"按钮、"打印"按钮、"打印预览"按钮、"撤销"按钮和"恢复"按钮。如果要向其中添加其他命令，可单击快速访问工具栏右侧的"自定义快速访问工具栏"按钮，在展开的下拉列表中选择需要添加的命令按钮，使其左侧显示√标记。
- 功能选项卡：承载了各类功能入口，包括 10 个选项卡，分别是"开始"选项卡、"插入"选项卡、"页面"选项卡、"公式"选项卡、"数据"选项卡、"审阅"选项卡、"视图"选项卡、"工具"选项卡、"会员专享"选项卡和"效率"选项卡，每个选项卡中都包括很多的命令按钮，单击它们可以快速地实现某项功能。
- 选项卡功能区：与功能选项卡相对应，单击功能区上方的选项卡标签可切换到不同的选项卡，从而显示不同的命令。在每一个选项卡中，命令又被分类放置在不同的组（以竖线分隔）中。某些组的右下角有一个对话框启动器按钮 ⌐，单击该按钮可打开相关对话框。单击功能区右侧的 ∧ 按钮，可隐藏功能区，从而显示更多文档内容。将鼠标放到功能区的任意按钮上，都会出现该按钮的说明，有助于用户快速了解按钮的名称和功能。
- 名称框：用来显示当前单元格的地址或函数名称。例如，在名称框中输入"A3"后按"Enter"键，会自动选中 A3 单元格。
- 编辑栏：用来显示和编辑当前活动单元格中的数据或公式。单击"取消"按钮，可取消当前所选单元格中输入的内容；单击"输入"按钮，可确认当前所选单元格中输入的内容；单击"插入函数"按钮，打开"插入函数"对话框，可在其中选择需要应用的函数。
- 行号：用来显示工作表中的行，以 1、2、3、4……的形式编号。
- 列标：用于显示工作表中的列，以 A、B、C、D……的形式编号。
- 工作表编辑区：是 WPS 表格中编辑数据的主要场所，由一个个单元格组成，每个单元格都拥有由行号和列标组成的唯一的单元格地址。
- 工作表标签：用来显示工作表的名称，WPS 表格默认只包含一张工作表。单击"新工作表"按钮将新建一张工作表。当工作簿中包含多张工作表时，可单击任意一个工作表标签进行切换工作表操作。

## 二、工作簿的新建、保存、打开、关闭

工作簿用于保存数据，只有在掌握了工作簿的基本操作后，才能顺利地对工作表及其中的单元格进行管理。工作簿的基本操作主要包括工作簿的新建、保存、打开、关闭等。

### 1. 新建工作簿

启动 WPS 表格后，系统会自动新建一个空白工作簿。若需要手动新建工作簿，则

可采用以下三种方法。

方法 1："文件"菜单。选择"文件"菜单中的"新建"命令，打开"新建"界面，在其中选择"空白工作簿"选项，系统将新建一个空白工作簿。

方法 2：快速访问工具栏。单击快速访问工具栏右侧的"自定义快速访问工具栏"按钮，在弹出的下拉列表中选择"新建"选项，将"新建"按钮添加到快速访问工具栏中，此时单击该按钮将新建一个空白工作簿。

方法 3：在 WPS 表格的操作界面中按"Ctrl+N"组合键，也将新建一个空白工作簿。

### 2. 保存工作簿

为了避免重要数据或信息丢失，用户应该在制作电子表格时随时对工作簿进行保存。下面介绍保存新建的工作簿及另存工作簿的方法。

1）直接保存

选择"文件"菜单中的"保存"命令，或单击快速访问工具栏中的"保存"按钮，或直接按"Ctrl+S"组合键，打开"另存为"界面，在其中选择"浏览"选项，打开"另存为"对话框，在左侧的导航窗格中选择表格的保存路径，在"文件名称"文本框中输入表格名称，单击"保存"按钮。

2）另存为

另存工作簿是指将工作簿以不同的名称或不同的位置保存在计算机中。选择"文件"菜单中的"另存为"命令，打开"另存为"界面，在其中选择"浏览"选项后，按照保存新建工作簿的方法设置工作簿的保存位置和名称。

需要注意的是，要想进行工作簿的另存操作，且不想改变工作簿的名称，则必须改变工作簿的保存位置；若不想改变工作簿的保存位置，则必须改变工作簿的名称。

### 3. 打开工作簿

打开工作簿的方法主要有以下三种。

方法 1："文件"菜单。选择"文件"菜单中的"打开"命令，打开"打开文件"界面，在其中选择"浏览"选项后打开"打开文件"对话框，在地址栏中选择工作簿的保存位置，在下方的列表框中选择需要打开的工作簿，单击"打开"按钮，如图 3-1-20 所示。

方法 2：快捷键。在 WPS 表格操作界面中按"Ctrl+O"组合键，打开"打开文件"界面，在其中选择"浏览"选项后，按照通过"文件"菜单打开工作簿的方式打开工作簿。

方法 3：双击文件。双击打开保存工作簿的文件夹，在其中找到并双击工作簿文件后，系统将自动启动 WPS 表格并打开该工作簿。

### 4. 关闭工作簿

关闭工作簿是指将当前编辑的工作簿关闭，但并不退出 WPS。关闭工作簿的方法主要有以下两种。

图 3-1-20　"打开文件"对话框

方法 1："文件"菜单。在打开的工作簿中选择"文件"菜单中的"关闭"命令。

方法 2：快捷键。在 WPS 表格操作界面中按"Ctrl+W"组合键。如果用户想在关闭工作簿的同时退出 WPS，则应在打开的工作簿中单击控制按钮区域的"关闭"按钮。

### 三、工作表的基本操作

工作表是存储和管理各种数据信息的场所，只有在熟悉了工作表的基本操作后，才能更好地使用 WPS 制作电子表格。工作表的基本操作包括选择、插入、删除、移动和复制等。

#### 1. 工作表的选择

当工作簿中存在多张工作表时，就会涉及工作表的选择操作，下面介绍四种选择工作表的方法。

- 选择单张工作表。单击相应的工作表标签可选择对应的工作表。
- 选择多张不相邻的工作表。选择第一张工作表后，按住"Ctrl"键，再单击其他工作表标签，可同时选择多张不相邻的工作表。
- 选择连续的工作表。选择第一张工作表后，按住"Shift"键，再单击其他工作表标签，可同时选择这两张工作表及其之间的所有工作表。
- 选择所有工作表。在任意工作表标签上右击，在弹出的快捷菜单中选择"选定全部工作表"命令，可选择当前工作簿中的所有工作表。

在工作簿中选择多张工作表后，标题栏中将显示"[工作组]×××"的字样，如图 3-1-21 所示。若要取消选择多张工作表，则可单击任意一张没有被选择的工作表，也可在被选择的工作表标签上右击，在弹出的快捷菜单中选择"取消组合工作表"命令。

图 3-1-21　组合多张工作表

**2. 工作表的插入**

打开 WPS 2019 之后，默认只包含一张工作表，因此当用户需要在该工作簿中创建其他工作表时，就需要手动插入新工作表。插入工作表的方法有以下四种。

方法 1：单击工作表标签右侧的按钮。单击工作表标签右侧的"新工作表"按钮，可在该按钮左侧插入一张空白工作表。

方法 2：右击。在工作表标签上右击，在弹出的快捷菜单中选择"插入工作表"命令，弹出"插入工作表"对话框，输入插入数目，选中"当前工作表之后（A）"或"当前工作表之前（B）"单选按钮，单击"确定"按钮。

方法 3：功能区。在"开始"选项卡中单击"工作表"下拉按钮，选择"插入工作表"命令，如图 3-1-22 所示，弹出"插入工作表"对话框，按照之前的方法选择插入的数目和位置即可。

方法 4：快捷键。直接按"Shift+F11"组合键可在当前工作表左侧插入一张空白工作表。

图 3-1-22　使用功能区命令插入工作表

**3. 工作表的删除**

对于不需要或无用的工作表，可及时将其从工作簿中删除。

方法 1：功能区。选择需要删除的工作表，在"开始"选项卡中单击"工作表"下拉按钮，在打开的下拉列表中选择"删除工作表"选项，如图 3-1-23 所示。

方法 2：右击。在需要删除的工作表标签上右击，在弹出的快捷菜单中选择"删除"命令。

**4. 工作表的移动和复制**

工作表在工作簿中的位置并不是固定不变的，通过移动或复制工作表等操作可以有

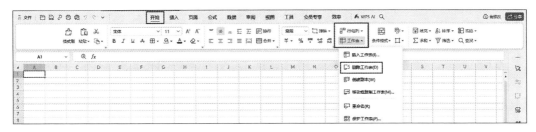

图 3-1-23 使用功能区命令删除工作表

效提高工作效率。在工作簿中移动和复制工作表的具体操作如下。

方法 1：功能区。

- 选择要移动或复制的工作表，在"开始"选项卡中单击"工作表"下拉按钮，在打开的下拉列表中选择"移动或复制工作表"选项，如图 3-1-24 所示，打开"移动或复制工作表"对话框。

图 3-1-24 使用功能区命令移动或复制工作表

- 在打开的对话框中，在"工作簿"下拉列表中选择当前打开的任意一个目标工作簿，在"下列选定工作表之前"列表框中选择工作表移动或复制到的位置，选中"建立副本"复选框表示复制工作表，取消选中该复选框则表示移动工作表，单击"确定"按钮。

方法 2：快捷键。在工作表标签上按住鼠标左键进行水平拖曳，当出现黑色的下三角形标记时释放鼠标左键，便可将工作表移动到该标记所在的位置。如果在拖曳鼠标的同时按住"Ctrl"键，则可实现工作表的复制。

### 5. 工作表的重命名

工作表在工作簿中的名称是可以修改的。

方法 1：选择要重命名的工作表，在"开始"选项卡中单击"工作表"下拉按钮，在打开的下拉列表中选择"重命名"命令。

方法 2：在工作表标签上右击，在弹出的快捷菜单中选择"重命名"命令。

方法 3：直接双击工作表标签。

此时被选中的工作表标签将呈现可编辑状态，且该工作表的名称会自动呈蓝底白字状态显示。直接输入文本，按"Enter"键或单击工作表的任意位置以退出编辑状态。

图 3-1-25　设置不同的主题

## 四、工作表的美化

### 1. 工作表的主题

工作表创建之后，WPS 会有默认的主题颜色，用户可以自行修改主题，也可以根据自己喜好设置不同的主题字体、效果等，还可以自行设置工作表的背景图片。"主题"下拉菜单如图 3-1-25 所示。

### 2. 工作表标签颜色

为了更好地区分不同工作表，或者将特殊的工作表展示出来，可以设置工作表的标签颜色和标签显示的字体。

## 知联图谱

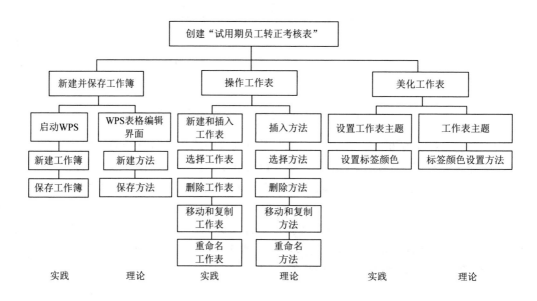

## 自测习题

### 一、选择题

1. WPS 表格中保存工作簿文件时，单击"保存"按钮如果出现"另存为"对话框，则说明该文件（　　　）。

　　A. 已经保存过　　　B. 未保存过　　　C. 不能保存　　　D. 已经删除

2. WPS 表格的主要功能是（　　　）。

　　A. 文件管理　　　B. 网络通讯　　　C. 表格处理　　　D. 文字处理

3. WPS 工作簿的默认扩展名为（　　）。
　　A. DBF　　　　　　　　B. et　　　　　　　　C. WPS　　　　　　　　D. EXE
4. WPS 表格中的工作簿是（　　）。
　　A. 一本书　　　　　　　　　　　　B. 一种记录方式
　　C. WPS 表格归档方法　　　　　　　D. WPS 表格文件
5. 在 WPS 表格中，单元格地址包括所处位置的（　　）。
　　A. 行地址　　　　B. 列地址　　　　C. 行和列地址　　　　D. 区域地址
6. 在 WPS 表格中，插入一张空白工作表应选择（　　）命令。
　　A. 插入工作表　　　　　　　　B. 删除工作表
　　C. 重命名工作表　　　　　　　D. 复制工作表
7. WPS 表格中，若将"Sheet1"工作表复制到"Sheet2"工作表后面，应选择（　　）命令。
　　A. 移动工作表　　　　　　　　B. 创建副本
　　C. 复制工作表　　　　　　　　D. 隐藏
8. WPS 表格中，选择多张不相邻的工作表。选择第一张工作表后，按住（　　）键，再单击其他工作表标签。
　　A. "Ctrl"　　　　B. "Shift"　　　　C. "Alt"　　　　D. "Windows"
9. WPS 表格中，选择多张连续的工作表。选择第一张工作表后，按住（　　）键，再单击其他工作表标签。
　　A. "Ctrl"　　　　B. "Shift"　　　　C. "Alt"　　　　D. "Windows"
10. 在 WPS 表格中，保存工作表的组合键是（　　）。
　　A. "Ctrl+S"　　　　B. "Ctrl+C"　　　　C. "Ctrl+V"　　　　D. "Ctrl+X"

**二、简答题**

1. WPS 表格中创建工作表有几种方法？
2. 如何对工作表进行插入、移动、删除和重命名操作？
3. 如何打开、保存和关闭工作簿？

# 任务二　编辑"试用期员工转正考核表"

**任务概述**

试用期员工转正考核表是对试用期员工各方面能力和工作表现进行评估的依据，有利于领导对员工的能力和任务完成情况进行评价，以便给出员工转正或辞退的意见。因此，试用期员工转正考核表中的数据一定要真实、准确，这样才能真实有效地评价员工能力。小李同学对试用期员工转正考核表进行了具体编辑。

## 任务目标

📖**知识目标**

1. 掌握 WPS 表格中单元格的基本操作方法。

2. 掌握 WPS 表格中数据的录入技巧。

3. 掌握 WPS 表格中数据验证的方法。

📖**技能目标**

1. 能熟练使用 WPS 表格进行单元格的合并、拆分、插入等操作。

2. 能熟练使用 WPS 表格进行数据的录入和验证。

3. 能熟练使用 WPS 表格进行条件格式的设置。

📖**素养目标**

1. 培养学生细致认真、精益求精的精神品质。

2. 培养学生严谨的工作态度和认真负责的工作作风。

## 实践训练

### 一、打开工作簿

步骤 1：启动 WPS Office。打开"开始"菜单，选择"WPS Office"→"WPS Office"选项，或直接双击桌面上的"WPS Office"图标，即可启动 WPS Office。

步骤 2：打开工作簿。进入首页之后，界面左侧显示相关选项，右侧显示最近编辑过的工作簿和打开过的文件，如图 3-2-1 所示。选择"打开"选项，弹出"打开文件"对话框，根据文件保存路径，找到需要打开的工作簿，单击工作簿，单击"打开"按钮，即可打开选择的工作簿，如图 3-2-2 所示。

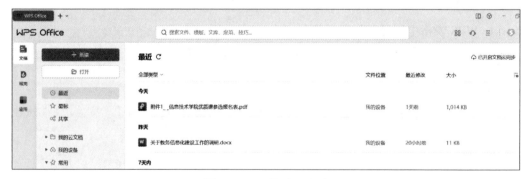

图 3-2-1 "首页"界面

### 二、输入工作表数据

输入数据是制作表格的基础。

步骤 1：选择 A1 单元格，在其中输入"试用期员工转正考核表"文本后，按"Enter"键切换到 A2 单元格，并在其中输入"员工编号"文本。

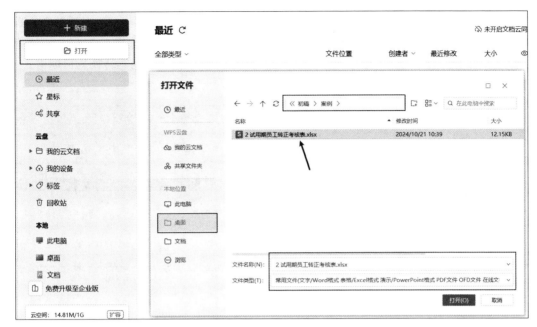

图 3-2-2　打开工作簿

步骤 2：按两次"Tab"键或向右箭头，切换到 C2 单元格，在其中输入"姓名"文本。

步骤 3：选择 E2 单元格，在其中输入"部门"文本。

步骤 4：按照相同的方法，在表格中输入如图 3-2-3 所示的内容。

| | A | B | C | D | E | F | G |
|---|---|---|---|---|---|---|---|
| 1 | 试用期员工转正考核表 | | | | | | |
| 2 | 员工编号 | | 姓名 | | 部门 | | |
| 3 | 入职日期 | | 转正日期 | | | | |
| 4 | 考核项目 | 考核标准 | | 标准分 | 自评分 | 直属领导评分 | |
| 5 | 工作技能 | 具备从事本专业的知识 | | 15 | | | |
| 6 | | 能了解工作要求、职责、熟悉 | | 10 | | | |
| 7 | | 熟练使用办公软件 | | 10 | | | |
| 8 | | 具备较强的实际操作技能并能 | | 10 | | | |
| 9 | 工作态度 | 遵守本公司规章制度 | | 10 | | | |
| 10 | | 满勤 | | 10 | | | |
| 11 | | 完成工作的热情 | | 10 | | | |
| 12 | | 是否完成任务 | | 15 | | | |
| 13 | 职业道德 | 爱岗敬业，团结协作 | | 5 | | | |
| 14 | | 钻研业务，勤奋好学，要求上 | | 5 | | | |
| 15 | 总分 | 总分在60分以下为考核不合格，需辞退或延长试用期 | | | | | |
| 16 | 直属领导评语 | | | | | | |
| 17 | | | 签名: | | 日期: | | |
| 18 | 部门领导意见 | | | | | | |
| 19 | | | 签名: | | 日期: | | |
| 20 | 单位意见 | | | | | | |
| 21 | | | 盖章: | | 日期: | | |
| 22 | | | | | | | |

图 3-2-3　输入数据信息

### 三、设置工作表样式

设置单元格格式

输入数据后，对单元格进行相关设置，以美化表格。

步骤 1：设置单元格格式。单元格中可以输入多种数据类型，将 B3 和 D3 设置为日期形式。选中 B3 和 D3 单元格，在"开始"选项卡中单击"单元格格式"对话框启动器按钮，打开"单元格格式"对话框，在"数字"选项卡中，"分类"选择"日期"，"类型"选择"2001 年 3 月 7 日"，单击"确定"按钮，将 B3 和 D3 输入的内容转换为日期格式，如图 3-2-4 所示。

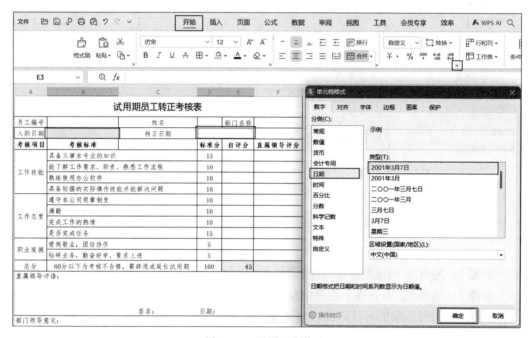

图 3-2-4　设置日期格式

步骤 2：设置对齐方式和字体格式。在单元格中，字符型数据默认为左对齐，数值型数据默认为右对齐。为了使工作表中的数据整齐，可以为数据设置对齐方式。

（1）选择 A1:F1 单元格区域，单击"开始"选项卡中"合并"下拉按钮，并选择"合并后居中"选项。返回工作表后，可看到所选单元格区域已合并为一个大的单元格，且其中的数据自动居中显示。按照相同的方法，将 A5:A8 单元格区域、A9:A12 单元格区域、A13:A14 单元格区域进行"合并后居中"设置。B5:C14 单元格区域选择"按行合并"选项，A16:F17 单元格区域、A18:F19 单元格区域、A20:F21 单元格区域选择"合并内容"选项，B15:C15 单元格区域选择"合并单元格"选项。

（2）选择 A1 单元格，在"开始"选项卡的"字体"下拉列表中选择"微软雅黑"选项，在"字号"下拉列表中选择"16"选项。选择 A2:F21 单元格区域，设置其字体为"仿宋"，字号为"12"，单击"垂直居中"和"水平居中"按钮。选择 A4:F4 单元格区域，设置字体加粗。B5:C14 单元格区域设置对齐方式为"左对齐"。

（3）选择 A16:F17 单元格区域，设置对齐方式为"左对齐"，并通过空格键调节"签名："和"日期："的位置，按照相同方法，设置 A18:F19 单元格区域、A20:F21 单元格区域。

步骤 3：设置表格样式。WPS 表格中内置了多种表格样式，用户可以套用表格样式来美化工作表，快速设置工作表的样式。

选中 A1:F21 区域，单击"开始"选项卡中的"表格样式"下拉按钮，在弹出的下拉列表中选择一种主题颜色，下面的表格样式会根据主题颜色的变化而变化，在弹出的"套用表格样式"对话框中单击"确定"按钮，如图 3-2-5 所示。

设置表格样式

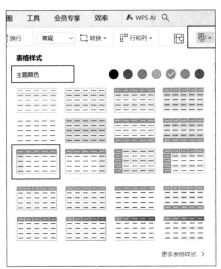
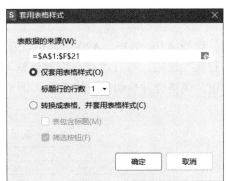

图 3-2-5　套用表格样式

步骤 4：调整行高和列宽。在默认状态下，单元格的行高和列宽固定不变，但是当单元格中的内容太多而不能完全显示时，就需要调整单元格的行高或列宽，使其更加符合要求。

（1）选择 A、D、E、F 列，在"开始"选项卡中的"行和列"下拉列表中选择"最适合的列宽"选项。返回工作表后，可看到所选列已自动匹配单元格内容而变宽。

（2）将鼠标指针移动到 C 列和 D 列之间的列号间隔线上，当鼠标指针变为"+"形状时，按住鼠标左键向右拖曳，此时鼠标指针右侧将显示具体的数据，拖曳至单元格内容完全显示出来时，释放鼠标左键即可，如图 3-2-6 所示。

调整行高和列宽

图 3-2-6　调整列宽

（3）将鼠标指针移至第 1 行与第 2 行之间的行号间隔线上，当鼠标指针变为"+"形状时，按住鼠标左键向下拖曳，此时鼠标指针右侧将显示具体的数据，拖曳至单元格内容完全显示出来时，释放鼠标左键即可。

（4）选择第 2～15 行，在"开始"选项卡中的"行和列"下拉列表中选择"行高"选项，打开"行高"对话框，在"行高"文本框中输入"20"，单击"确定"按钮，如图 3-2-7 所示。返回工作表后，可看到第 2～15 行的高度增加了。

图 3-2-7　调整行高

（5）选择 A16、A18、A20 单元格，在"开始"选项卡中的"行和列"下拉列表中选择"行高"选项，打开"行高"对话框，在"行高"文本框中输入"40"，单击"确定"按钮，调整合并后的单元格高度。调整后表格如图 3-2-8 所示。

| | A | B | C | D | E | F |
|---|---|---|---|---|---|---|
| 1 | 试用期员工转正考核表 | | | | | |
| 2 | 员工编号 | | 姓名 | | 部门名称 | |
| 3 | 入职日期 | | 转正日期 | | | |
| 4 | 考核项目 | 考核标准 | | 标准分 | 自评分 | 直属领导评分 |
| 5 | 工作技能 | 具备从事本专业的知识 | | 15 | | |
| 6 | | 能了解工作要求、职责、熟悉工作流程 | | 10 | | |
| 7 | | 熟练使用办公软件 | | 10 | | |
| 8 | | 具备较强的实际操作技能并能解决问题 | | 10 | | |
| 9 | 工作态度 | 遵守本公司规章制度 | | 10 | | |
| 10 | | 满勤 | | 10 | | |
| 11 | | 完成工作的热情 | | 10 | | |
| 12 | | 是否完成任务 | | 15 | | |
| 13 | 职业道德 | 爱岗敬业，团结协作 | | 5 | | |
| 14 | | 钻研业务，勤奋好学，要求上进 | | 5 | | |
| 15 | 总分 | 总分在60分以下为考核不合格，需辞退或延长试用期 | | | | |
| 16 | 直属领导评语： | | | | | |
| 17 | | | 签名： | | 日期： | |
| 18 | 部门领导意见： | | | | | |
| 19 | | | 签名： | | 日期： | |
| 20 | 单位意见： | | | | | |
| 21 | | | 单位公章： | | 日期： | |

图 3-2-8　调整行高和列宽之后的表格

步骤 5：设置边框。在工作表中，为了使工作表数据的轮廓更加清晰，使整个工作表更加整齐美观，可以为表格添加边框。

选中 A1:F21 区域，按"Ctrl+1"组合键，弹出"单元格格式"对话框，单击"边框"

选项卡。在"颜色"栏中选择喜欢的颜色，然后在"样式"栏中选择"粗实线"，选择"预置"栏中的"外边框"，表格外边框会变成粗框。在"样式"栏中选择"粗实线"，单击边框上下端，使上下框变粗。在"样式"栏中选择"细点线"，选择"预置"栏中的"内部"，单击"确定"按钮，如图 3-2-9 和图 3-2-10 所示。

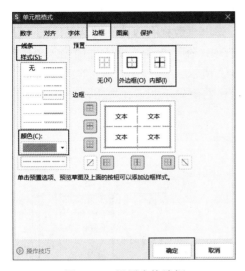

图 3-2-9　设置表格边框

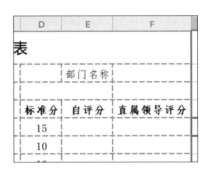

图 3-2-10　设置后效果

步骤 6：设置背景图案。

选中 A1:F21 区域，右击，在弹出的快捷菜单中选择"设置单元格格式"命令。在弹出的对话框中单击"图案"选项卡，在"颜色"栏中选择单元格底纹颜色，在"图案样式"栏中选择单元格的图案样式，在"图案颜色"栏中选择单元格图案颜色，单击"确定"按钮，如图 3-2-11 所示。

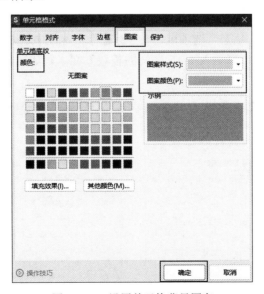

设置边框和背景图案

图 3-2-11　设置单元格背景图案

#### 四、设置数据验证

为单元格或单元格区域设置数据验证后，可保证输入的数据在指定的范围内，从而降低出错概率。

步骤 1：在工作表中选择 F2 单元格，单击"数据"选项卡中的"有效性"下拉按钮，在打开的下拉列表中选择"有效性"选项，弹出"数据有效性"对话框。在"设置"选项卡的"允许"下拉列表中选择"序列"选项，在"来源"文本框中输入"销售,客服,运营,开发"，单击"确定"按钮，如图 3-2-12 所示。

步骤 2：返回工作表后，单击 F2 单元格右侧显示的下拉按钮，在弹出的下拉列表中选择对应的部门名称，如图 3-2-13 所示。

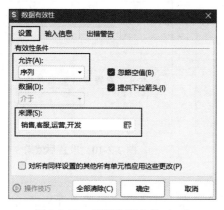

图 3-2-12　设置验证条件（一）

图 3-2-13　选择部门名称

步骤 3：在工作表中选择 E5:F5 单元格区域，再次打开"数据有效性"对话框，在"设置"选项卡的"允许"下拉列表中选择"整数"选项，在"数据"下拉列表中选择"介于"选项，分别在"最小值""最大值"文本框中输入"0""15"，如图 3-2-14 所示。

步骤 4：选择"输入信息"选项卡，在"标题"文本框中输入"注意"文本，在"输入信息"文本框中输入"请输入 0-15 之间的整数"文本，如图 3-2-15 所示，完成后单击"确定"按钮。

图 3-2-14　设置验证条件（二）

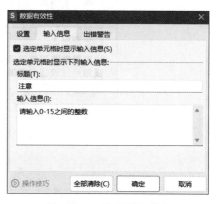

图 3-2-15　设置输入信息

步骤 5：返回工作表后，将光标定位在 E5:F5 单元格区域时，显示提示"注意：请输入 0-15 之间的整数"，若输入的数据不符合要求，则会弹出提示对话框，提示输入正确数据，如图 3-2-16 所示。

步骤 6：按照同样的方法，对 E6:F14 的单元格区域设置数据的输入范围。

设置数据验证

图 3-2-16　错误提示

## 五、设置条件格式

设置条件格式

用户可以通过设置条件格式将不满足条件或满足条件的数据单独显示出来，具体操作如下。

步骤 1：选择 E15:F15 单元格区域，单击"开始"选项卡中的"条件格式"下拉按钮，在打开的下拉列表中选择"新建规则"选项。

步骤 2：打开"新建格式规则"对话框，在"选择规则类型"列表框中选择"只为包含以下内容的单元格设置格式"选项，在"编辑规则说明"栏各下拉列表中分别选择"单元格值""小于"选项，并在其右侧的文本框中输入"60"，如图 3-2-17 所示。单击"格式"按钮，打开"单元格格式"对话框，在"字体"选项卡中设置"字形"为"粗体"，"颜色"为"标准色"中的"红色"，在"图案"选项卡中设置单元格底纹为浅黄色，单击"确定"按钮，可以在"预览"部分查看设置后的格式，如图 3-2-18 所示。

图 3-2-17　新建规则

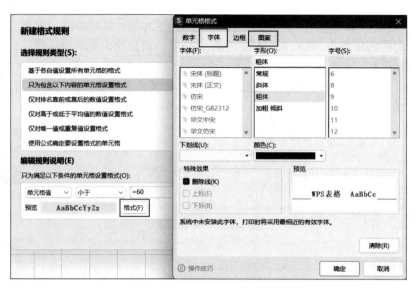

图 3-2-18　设置单元格格式

## 相关知识

### 一、单元格的基本操作

单元格是表格中行与列的交叉部分，它是组成表格的最小单位。用户对单元格的基本操作包括选择、插入、删除、合并与拆分等。

#### 1. 选择单元格

要想在表格中输入数据，首先需要选择输入数据的单元格。在工作表中选择单元格的方法有以下六种。

- 选择单个单元格。单击单元格，或在名称框中输入单元格的行号和列标，按"Enter"键选择所需单元格。
- 选择所有单元格。单击行号和列标左上角交叉处的"全选"按钮，或按"Ctrl+A"组合键选择工作表中的所有单元格。
- 选择相邻的多个单元格。选择起始单元格后，按住鼠标左键并拖曳到目标单元格，或在按住"Shift"键的同时单击目标单元格，以选择相邻的多个单元格。
- 选择不相邻的多个单元格。在按住"Ctrl"键的同时依次单击需要选择的单元格，以选择不相邻的多个单元格。
- 选择整行。将鼠标指针移至需要选择行的行号上，当鼠标指针变为"→"形状时，单击选择该行。
- 选择整列。将鼠标指针移至需要选择列的列标上，当鼠标指针变为"↓"形状时，单击选择该列。

## 2. 插入单元格

在表格中可以插入单个单元格，也可以插入一行或一列单元格。插入单元格的方法有以下两种。

方法 1：选择单元格，在"开始"选项卡中选择"行和列"下拉列表中的"插入单元格"选项，并在弹出的插入单元格菜单中选择插入的位置和数量，如图 3-2-19 所示。

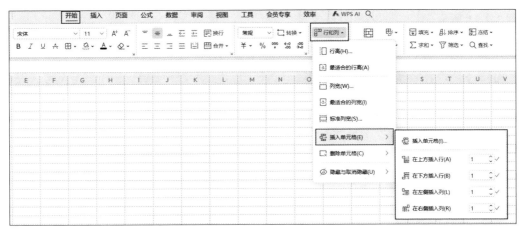

图 3-2-19　插入单元格

方法 2：选择任意一个单元格，右击，在弹出的快捷菜单中选择"插入"选项，并在下一级菜单中选择"插入单元格，活动单元格右移"单选按钮或"插入单元格，活动单元格下移"选项，将在所选单元格的左侧或上方插入单元格，如图 3-2-20 所示。

图 3-2-20　通过右键菜单插入单元格

### 3. 删除单元格

在表格中可以删除单个单元格，也可以删除一行或一列单元格。删除单元格的方法有以下两种。

方法 1：选择要删除的单元格，在"开始"选项卡的"行和列"下拉列表中选择"删除单元格"选项，在弹出的下一级菜单中选择"删除单元格"选项，可以删除选中的一个单元格，也可以选择"删除行"或"删除列"选项，则删除整行或整列单元格，如图 3-2-21 所示。

图 3-2-21　删除单元格

方法 2：选择要删除的单元格，右击，在弹出的快捷菜单中选择"删除"选项，并在下一级菜单中选择"右侧单元格左移"选项或"下方单元格上移"选项，可以删除当前单元格，也可以选择"整行"或"整列"选项，删除整行或整列，如图 3-2-22 所示。

图 3-2-22　通过右键菜单删除单元格

#### 4. 合并与拆分单元格

当默认的单元格样式不能满足表格的实际需求时，用户可通过合并与拆分单元格进行设置。

- 合并单元格。选择需要合并的多个单元格，在"开始"选项卡中单击"合并"下拉按钮，在弹出的菜单中选择"合并居中"命令，可以合并所选单元格，并使其中的内容居中显示；选择"合并单元格"命令，合并单元格后，其中的内容不居中显示；选择"合并内容"命令，可以将所选的多个单元格之中的内容合并；选择"按行合并"命令，将多个单元格根据行进行合并；选择"跨列居中"命令，将单元格内容居中显示，如图 3-2-23 所示。
- 拆分单元格。拆分单元格的方法与合并单元格的方法完全相反，在拆分单元格时需要先选择合并后的单元格，再单击"合并"下拉按钮，选择"取消合并单元格"命令，取消合并的单元格，将内容只填充在最上面的单元格中；选择"拆分并填充内容"命令，将合并单元格进行拆分，并将其内容填充至所有单元格中，如图 3-2-24 所示。

图 3-2-23　合并单元格命令

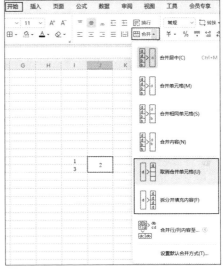
图 3-2-24　拆分单元格命令

### 二、输入数据

输入数据是制作电子表格的基础，WPS 表格支持输入不同类型的数据，具体的输入方法有以下三种。

方法 1：选择单元格，直接输入数据后按"Enter"键，单元格中原有的数据将被覆盖。

方法 2：双击单元格，此时单元格中将出现文本插入点，按方向键可调整文本插入点的位置，直接输入数据并按"Enter"键完成录入操作。

方法 3：选择单元格，在编辑栏中单击以定位文本插入点，在其中输入数据后按"Enter"键。

在 WPS 表格的单元格中可以输入文本、正数、负数、小数、百分数、日期、时间、货币等各种类型的数据，它们的输入方法与显示格式如表 3-2-1 所示。

表 3-2-1    不同类型数据的输入方法与显示格式

| 类型 | 举例 | 输入方法 | 单元格显示格式 | 编辑栏显示格式 |
| --- | --- | --- | --- | --- |
| 文本 | 员工编号 | 直接输入 | 员工编号，左对齐 | 员工编号 |
| 正数 | 77 | 直接输入 | 77，右对齐 | 77 |
| 负数 | -77 | 先输入负号"-"，再输入数据 77，即"-77"；或输入英文状态下的括号"()"，并在其中输入数据，即"(77)" | -77，右对齐 | -77 |
| 小数 | 12.4 | 依次输入整数位、小数点和小数位 | 12.4，右对齐 | 12.4 |
| 百分数 | 60% | 依次输入数据和百分号，其中百分号利用"Shift+5"组合键输入 | 60%，右对齐 | 60% |
| 日期 | 2024 年 3 月 7 日 | 依次输入年、月、日数据，中间用"-"或"/"隔开 | 2024-3-7，右对齐 | 2024-3-7 |
| 时间 | 10 点 25 分 16 秒 | 依次输入时、分、秒数据，中间用英文状态下的冒号":"隔开 | 10:25:16，右对齐 | 10:25:16 |
| 货币 | ¥45 | 依次输入货币符号和数据，其中在英文状态下按"Shift+4"组合键可输入美元符号；在中文状态下按"Shift+4"组合键可输入人民币符号 | ¥45，右对齐 | ¥45 |

WPS 表格还提供了"符号"功能用来满足用户在单元格中使用某些特殊符号的需要，选择需要输入符号的单元格，在"插入"选项卡中单击"符号"下拉按钮，打开"符号"下拉列表，在其中选择需要的符号，可直接插入单元格中，如图 3-2-25 所示。

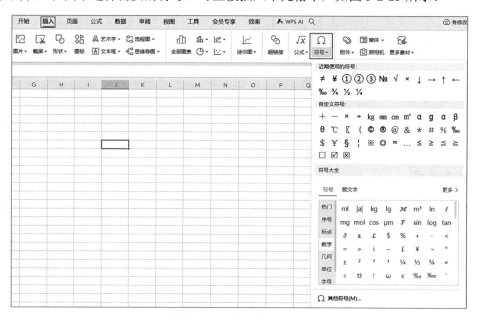

图 3-2-25    输入特殊符号

### 三、单元格美化

在表格中，可以通过设置单元格的对齐方式、字体字号、边框、底纹等使表格更美观，数据更整齐。WPS 表格中内置了多种表格样式，用户可以套用表格样式来美化工作表，快速设置工作表的样式，也可以自定义表格样式。

### 四、数据验证

数据验证是指为单元格中录入的数据添加一定的限制条件。例如，用户通过设置基本的数据验证可以使单元格中只能录入整数、小数或时间等，也可以创建下拉列表进行数据的录入。

在工作表中选择要设置数据验证的单元格或单元格区域，在"数据"选项卡"有效性"下拉列表中选择"有效性"命令，如图 3-2-26 所示，打开"数据有效性"对话框，此处可以对数据进行设置。

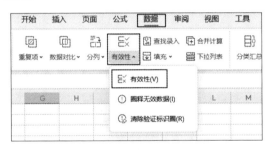

图 3-2-26　设置数据有效性命令

在"数据有效性"对话框中，分别在"设置"选项卡中设置有效性的允许条件，包括允许输入的类型、数据的范围；在"输入信息"选项卡中设置选定单元格时提示的信息内容；在"出错警告"选项卡中设置用户输入的数据不符合要求时显示的警告信息，如图 3-2-27 所示。

（a）"设置"选项卡

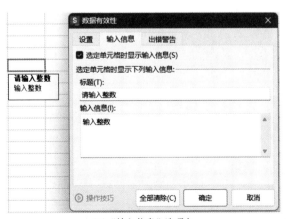

（b）"输入信息"选项卡

图 3-2-27　"数据有效性"对话框

（c）"出错警告"选项卡

图 3-2-27（续）

**五、条件格式**

　　WPS 表格内置了多种类型的条件格式，能够对电子表格中的内容进行指定条件的判断，并返回预先指定的格式。如果内置的条件格式不能满足制作需求，则用户还可以新建条件格式规则。

　　（1）选择需要设置条件格式的单元格或单元格区域，在"开始"选项卡中单击"条件格式"下拉按钮，在弹出的下拉列表中选择需要的条件格式，如突出显示单元格规则、项目选取规则、数据条、色阶、图标集等，如图 3-2-28 所示。选择其中任意一个选项，并在弹出的子下拉列表中选择对应选项后，便可为所选单元格或单元格区域应用内置的条件格式。

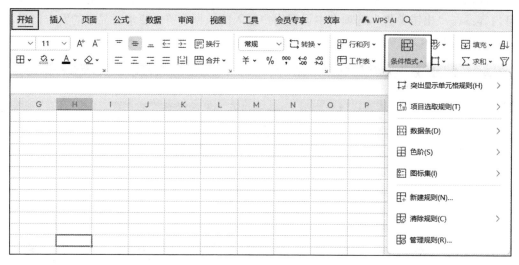

图 3-2-28　设置条件格式命令

　　（2）在"条件格式"下拉列表中选择"新建规则"选项，打开"新建格式规则"对话框，如图 3-2-29 所示。在其中选择规则类型，并根据提示信息编辑规则后，单击"确定"按钮完成操作。

当已经设置好的条件格式不再使用时，可以通过"管理规则"和"清除规则"命令来管理或清除规则，如图 3-2-30 所示。

图 3-2-29　"新建格式规则"对话框　　　　图 3-2-30　清除规则

## 关联图谱

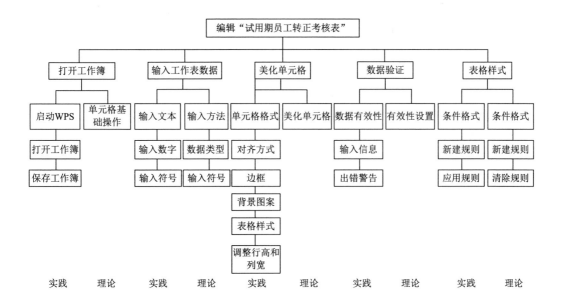

## 一、选择题

1. 在 WPS 表格中，设置单元格边框的方法是（      ）。
   A. 选择"格式"选项卡，然后单击"边框"按钮
   B. 直接在单元格上右击，选择"边框"选项
   C. 使用组合键"Ctrl+1"打开"单元格格式"对话框，然后设置边框
   D. 在"开始"选项卡中单击"边框"按钮

2. 在 WPS 表格中，快速改变单元格背景颜色的方法是（      ）。
   A. 单击"开始"选项卡中的"填充颜色"按钮
   B. 右击单元格，选择"背景颜色"选项
   C. 使用组合键"Alt+B"
   D. 在"格式"选项卡中单击"背景颜色"按钮

3. 在 WPS 表格中，调整行高或列宽的方法是（      ）。
   A. 直接拖动行号或列号的下边框或右边框
   B. 使用组合键"Ctrl+Shift+R/C"
   C. 在"格式"选项卡中单击"行"或"列"按钮，然后设置大小
   D. 在"开始"选项卡中单击"行高"或"列宽"按钮

4. 在 WPS 表格中，应用预定义单元格样式的方法是（      ）。
   A. 在"开始"选项卡中选择"样式"组中的预定义样式
   B. 在"格式"选项卡中选择"样式"选项
   C. 使用组合键"Ctrl+Shift+S"
   D. 在"视图"选项卡中单击"样式"按钮

5. 在 WPS 表格中，被选中的单元格称为（      ）单元格。
   A. 活动          B. 绝对          C. 相对          D. 标准

6. 在 WPS 表格的单元格中出现一连串的"######"符号，表示（      ）。
   A. 需删去这些符号              B. 需调整单元格的宽度
   C. 需删去该单元格              D. 系统崩溃

7. WPS 表格中，单元格中（      ）。
   A. 只能是数字                  B. 可以是数字、字符、公式等
   C. 只能是文字                  D. 只能是公式

8. WPS 表格中，在单元格中输入 2/7，则表示（      ）。
   A. 2 除以 7    B. 2 月 7 日          C. 字符串 2/7    D. 7 除以 2

9. 在 WPS 表格中，下列不能实现选定工作表区域 A1:D8 的操作是（      ）。
   A. 单击 A1 单元格，然后按住"Shift"键，再单击 D8 单元格
   B. 单击 A1 单元格，然后按住"Ctrl"键，再单击 D8 单元格

C. 单击 A1 单元格，然后按住鼠标左键不放，再拖动鼠标至 D8 单元格

D. 按住 "Ctrl" 键不放，再依次单击 A1:D8 区域的所有单元格

10. 在 WPS 表格中，工作表单元格的字符串超过该单元格的显示宽度时，下列叙述中正确的是（　　　）。

A. 该字符串可能占用其左侧单元格的显示空间全部显示出来

B. 该字符串可能占用其右侧单元格的显示空间全部显示出来

C. 该列的宽度自动增加以适应字符串的长度

D. 该字符串只在其所在单元格的显示空间部分显示出来，多余部分被删除

## 二、简答题

1. WPS 表格如何设置单元格的数据有效性？

2. 单元格格式突出显示如何设置？

3. 如何调整行高和列宽？

# 任务三　计算 "员工工资统计表"

## 任务概述

员工工资是用人单位对劳动者的劳动付出的报酬，每月发放员工工资之前，都需要对全公司的工资进行汇总计算，获取公司运营成本的相关信息。小李同学正在公司人事部门实习，他要计算下个月公司的薪酬支出情况。

## 任务目标

### 知识目标

1. 掌握 WPS 表格中的单元格地址与引用。

2. 掌握 WPS 表格中的公式与函数应用。

### 技能目标

1. 能熟练使用 WPS 表格进行单元格的选择。

2. 能熟练使用 WPS 表格进行数据的计算。

### 素养目标

1. 培养学生细致认真、精益求精的精神品质。

2. 培养学生严谨的工作态度和认真负责的工作作风。

## 实践训练

### 一、打开工作簿

在表格保存路径下，双击 "员工工资统计表.xlsx" 工作簿，打开工作簿，选择 "文件" 菜单下的 "另存为" 命令，选择 "Excel 文件(*.xlsx)"，打开 "另存为" 对话框，

将"文件名称"设置为"计算员工工资"，并选择好文件的保存位置，单击"保存"按钮。

### 二、使用函数和公式计算实发工资

步骤 1：在"3 月份"工作表中选择 K3 单元格，在"公式"选项卡中选择"求和"下拉列表下的"求和"选项，如图 3-3-1 所示，此时在 K3 单元格中插入求和公式"SUM"，同时 WPS 表格会自动识别函数参数"D3:J3"，如图 3-3-2（a）所示。将文本插入点定位至编辑栏中，将公式中的"D3"修改为"G3"，单击"输入"按钮，完成求和操作；或者单击 G3 单元格，按住鼠标左键拖动至 J3 单元格，也可以实现函数参数的选择。单击 G4 单元格，按住鼠标左键拖动至 J4 单元格，实现 G4 单元格至 J4 单元格的求和，如图 3-3-2（b）所示。

函数和公式的使用

图 3-3-1　选择"求和"选项

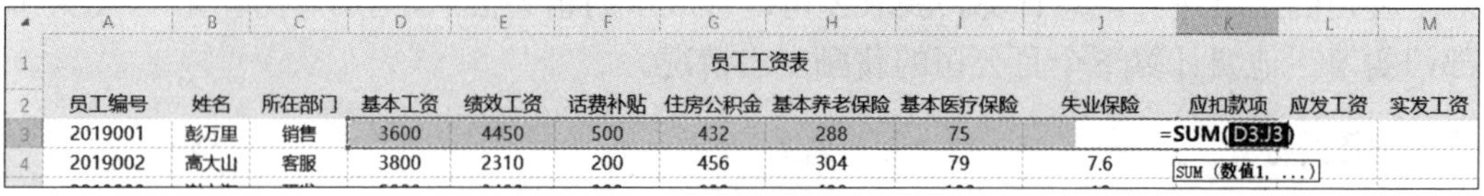

（a）通过编辑栏修改函数参数

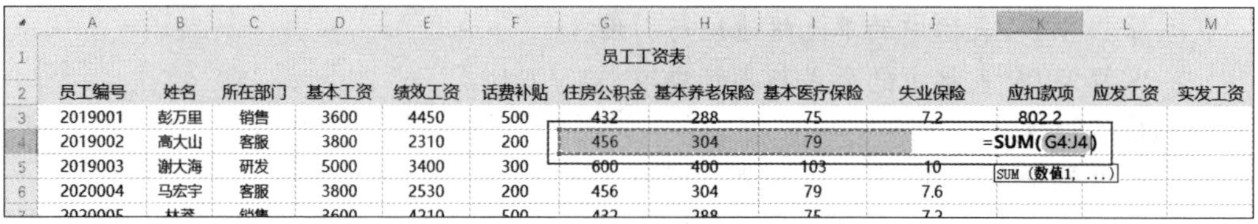

（b）通过鼠标左键拖曳修改函数参数

图 3-3-2　修改函数参数

步骤 2：将鼠标指针移动至 K3 单元格右下角，当其变成"＋"形状时，按住鼠标左键向下拖曳至 K22 单元格，释放鼠标左键，系统将自动填充应扣款项，如图 3-3-3 所示。

步骤 3：选择 L3 单元格，输入符号"="，然后单击 D3 单元格，输入"＋"，单击 E3 单元格，输入"＋"，单击 F3 单元格，得到公式"=D3+E3+F3"，如图 3-3-4 所示，按"Enter"键，将鼠标指针移动至 L3 单元格右下角，当其变成"＋"形状时，双击，系统将自动填充应发工资。

| 失业保险 | 应扣款项 | 应发工资 | 实发工资 |
|---|---|---|---|
| 7.2 | 802.2 | | |
| 7.6 | 846.6 | | |
| 10 | 1113 | | |
| 7.6 | 846.6 | | |
| 7.2 | 802.2 | | |
| 10 | 1113 | | |
| 8 | 891 | | |
| 7.2 | 802.2 | | |
| 7.2 | 802.2 | | |
| 10 | 1113 | | |
| 8 | 891 | | |
| 7.2 | 802.2 | | |
| 10 | 1113 | | |
| 7.2 | 802.2 | | |
| 8 | 891 | | |
| 7.2 | 802.2 | | |
| 8 | 891 | | |
| 10 | 1113 | | |
| 8 | 891 | | |
| 10 | 1113 | | |

图 3-3-3 应用函数自动填充应扣款项

| | D | E | F | G | H | I | J | K | L | M |
|---|---|---|---|---|---|---|---|---|---|---|
| | | | | 员工工资表 | | | | | | |
| | 基本工资 | 绩效工资 | 话费补贴 | 住房公积金 | 基本养老保险 | 基本医疗保险 | 失业保险 | 应扣款项 | 应发工资 | 实发工资 |
| | 3600 | 4450 | 500 | 432 | 288 | 75 | 7.2 | | = D3 + E3 + F3 | |
| | 3800 | 2310 | 200 | 456 | 304 | 79 | 7.6 | 846.6 | | |

图 3-3-4 输入公式计算应发工资

步骤 4：选择 M3 单元格，输入符号"="，然后单击 L3 单元格，输入"−"，单击 K3 单元格，得到公式"=L3−K3"，如图 3-3-5 所示，按"Enter"键，将鼠标指针移动至 M3 单元格右下角，当其变成"+"形状时，双击，系统将自动填充实发工资。

| H | I | J | K | L | M |
|---|---|---|---|---|---|
| 资表 | | | | | |
| 基本养老保险 | 基本医疗保险 | 失业保险 | 应扣款项 | 应发工资 | 实发工资 |
| 288 | 75 | 7.2 | 802.2 | 8550 | = L3 - K3 |
| 304 | 79 | 7.6 | 846.6 | 6310 | |
| 400 | 103 | 10 | 1113 | 8700 | |

图 3-3-5 输入公式计算实发工资

### 三、使用函数计算平均工资

AVERAGE 函数用来计算某一单元格区域中数据的平均值，即先将单元格区域中的数据相加再除以单元格个数。

步骤 1：选择 A23 单元格，输入"平均工资"文本，按"Tab"键选择 B23 单元格，在"公式"选项卡中选择"求和"下拉列表下的"Avg 平均值"选项，如图 3-3-6 所示。

步骤 2：此时，系统将在 B23 单元格中插入平均值函数"=AVERAGE()"，在文本插入点处输入单元格区域的引用地址"M3:M22"，或者选中 M3 单元格，按住鼠标左键并拖动鼠标至 M22 单元格，再单击编辑栏中的"输入"按钮应用函数，得到计算结果，如图 3-3-7 所示。

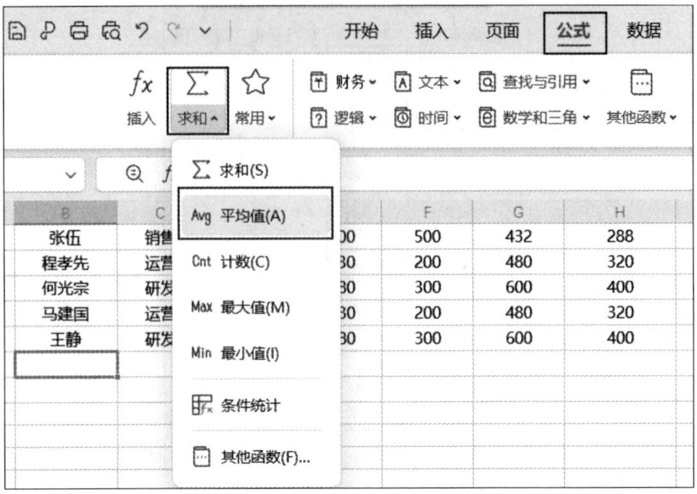

图 3-3-6　选择"Avg 平均值"选项

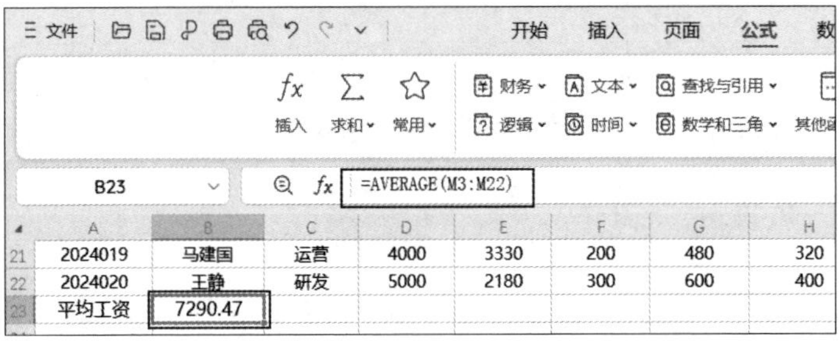

图 3-3-7　计算平均工资

## 四、使用函数查看实发工资的最大值和最小值

MAX 函数用来计算某一单元格区域中数据的最大值，MIN 函数用来计算某一单元格区域中数据的最小值。

步骤 1：选择 A24 单元格，输入"实发工资最大值"文本，调整 A 列的宽度，按"Tab"键选择 B24 单元格，在"公式"选项卡中选择"求和"下拉列表下的"Max 最大值"选项，如图 3-3-8 所示。

图 3-3-8　选择 MAX()函数

步骤 2：此时，系统将在 B24 单元格中插入最大值函数"=MAX()"，同时自动识别参数"B23:B23"，手动将函数参数修改为"M3:M22"，或者选中 M3 单元格，按住鼠标左键并拖动鼠标至 M22 单元格，再单击编辑栏中的"输入"按钮应用函数，或者按"Enter"键，得到计算结果，如图 3-3-9 所示。

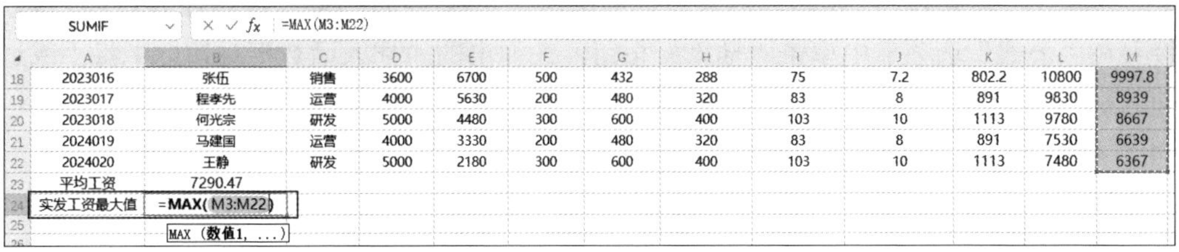

| | A | B | C | D | E | F | G | H | I | J | K | L | M |
|---|---|---|---|---|---|---|---|---|---|---|---|---|---|
| SUMIF | | | | =MAX(M3:M22) | | | | | | | | | |
| 18 | 2023016 | 张伍 | 销售 | 3600 | 6700 | 500 | 432 | 288 | 75 | 7.2 | 802.2 | 10800 | 9997.8 |
| 19 | 2023017 | 程孝先 | 运营 | 4000 | 5630 | 200 | 480 | 320 | 83 | 8 | 891 | 9830 | 8939 |
| 20 | 2023018 | 何光宗 | 研发 | 5000 | 4480 | 300 | 600 | 400 | 103 | 10 | 1113 | 9780 | 8667 |
| 21 | 2024019 | 马建国 | 运营 | 4000 | 3330 | 200 | 480 | 320 | 83 | 8 | 891 | 7530 | 6639 |
| 22 | 2024020 | 王静 | 研发 | 5000 | 2180 | 300 | 600 | 400 | 103 | 10 | 1113 | 7480 | 6367 |
| 23 | 平均工资 | 7290.47 | | | | | | | | | | | |
| 24 | 实发工资最大值 | =MAX(M3:M22) | | | | | | | | | | | |
| 25 | | MAX(数值1, …) | | | | | | | | | | | |

图 3-3-9　计算实发工资最大值

步骤 3：按照同样的方法，选择 A25 单元格，输入"实发工资最小值"文本，按"Tab"键选择 B25 单元格，在"公式"选项卡中选择"求和"下拉列表下的"Min 最小值"选项，如图 3-3-10 所示。

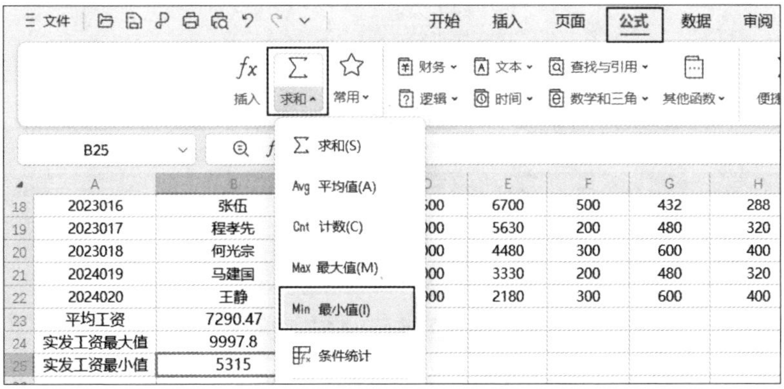

图 3-3-10　选择 MIN()函数

步骤 4：系统将在 B25 单元格中插入最小值函数"=MIN()"，同时自动识别参数"B24:B24"，手动将函数参数修改为"M3:M22"，或者选中 M3 单元格，按住鼠标左键并拖动鼠标至 M22 单元格，再单击编辑栏中的"输入"按钮应用函数，或者按"Enter"键，得到计算结果，如图 3-3-11 所示。

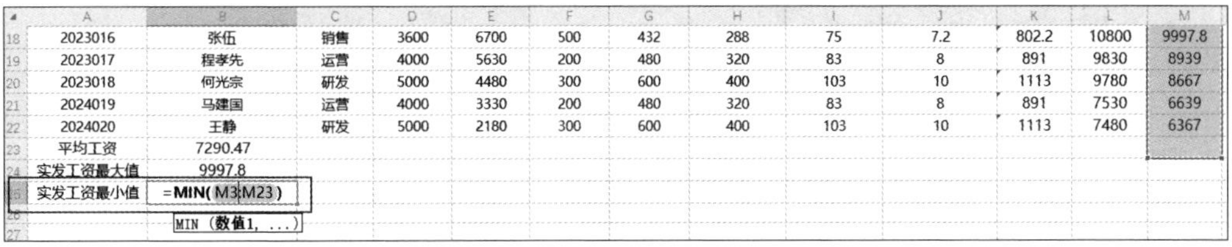

| | A | B | C | D | E | F | G | H | I | J | K | L | M |
|---|---|---|---|---|---|---|---|---|---|---|---|---|---|
| 18 | 2023016 | 张伍 | 销售 | 3600 | 6700 | 500 | 432 | 288 | 75 | 7.2 | 802.2 | 10800 | 9997.8 |
| 19 | 2023017 | 程孝先 | 运营 | 4000 | 5630 | 200 | 480 | 320 | 83 | 8 | 891 | 9830 | 8939 |
| 20 | 2023018 | 何光宗 | 研发 | 5000 | 4480 | 300 | 600 | 400 | 103 | 10 | 1113 | 9780 | 8667 |
| 21 | 2024019 | 马建国 | 运营 | 4000 | 3330 | 200 | 480 | 320 | 83 | 8 | 891 | 7530 | 6639 |
| 22 | 2024020 | 王静 | 研发 | 5000 | 2180 | 300 | 600 | 400 | 103 | 10 | 1113 | 7480 | 6367 |
| 23 | 平均工资 | 7290.47 | | | | | | | | | | | |
| 24 | 实发工资最大值 | 9997.8 | | | | | | | | | | | |
| 25 | 实发工资最小值 | =MIN(M3:M23) | | | | | | | | | | | |
| 26 | | MIN(数值1, …) | | | | | | | | | | | |

图 3-3-11　计算实发工资最小值

### 五、使用函数查看实发工资排名

RANK 函数用于显示某个数字在数字列表中的排名。下面使用 RANK 函数对员工的实发工资进行排序，具体操作如下。

步骤 1：选择 N2 单元格，输入"工资排名"文本，按"Tab"键选择 N3 单元格，接着在"公式"选项卡中单击"插入"按钮，在弹出的"插入函数"对话框中将"或选择类别"设置为"统计"，通过鼠标滚轮向下查找到 RANK 函数，单击"确定"按钮，如图 3-3-12 所示。

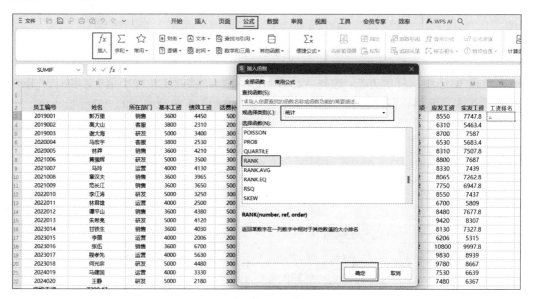

图 3-3-12　插入 RANK 函数

步骤 2：打开"函数参数"对话框，在"数值"文本框中输入 M3。单击"引用"参数右侧的"收缩"按钮，此时该对话框呈收缩状态，拖曳鼠标在工作表中选择要计算的 M3:M22 单元格区域，单击该对话框右侧的"展开"按钮，返回"函数参数"对话框。按"F4"键将"引用"文本框中的单元格引用地址转换为绝对引用形式，在"排位方式"文本框中输入"0"，单击"确定"按钮，如图 3-3-13 所示。

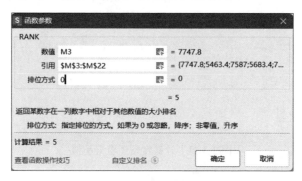

图 3-3-13　RANK 函数参数设置

步骤 3：返回工作表后，可以看到 N3 单元格显示工资排名情况，选择 N3 单元格，将鼠标指针移动至 M3 单元格右下角，当其变为"+"形状时按住鼠标左键向下拖曳至 N22 单元格，然后释放鼠标，查看每个员工工资的排名情况。将单元格对齐方式设置为"居中对齐"。结果如图 3-3-14 所示。

| 实发工资 | 工资排名 |
|---|---|
| 7747.8 | 5 |
| 5463.4 | 19 |
| 7587 | 8 |
| 5683.4 | 18 |
| 7507.8 | 9 |
| 7687 | 6 |
| 7439 | 10 |
| 7262.8 | 13 |
| 6947.8 | 14 |
| 7437 | 11 |
| 5809 | 17 |
| 7677.8 | 7 |
| 8307 | 4 |
| 7327.8 | 12 |
| 5315 | 20 |
| 9997.8 | 1 |
| 8939 | 2 |
| 8667 | 3 |

图 3-3-14 实发工资排名情况

## 六、使用函数统计实发工资人数

COUNT 函数用于计算单元格区域中包含数字的单元格个数，或对象中的属性个数。下面使用 COUNT 函数统计实发工资人数，具体操作如下。

步骤 1：在 A26 单元格中输入"统计实发工资人数"文本，按"Tab"键选择 B26 单元格。

步骤 2：在"公式"选项卡中选择"求和"下拉列表下的"Cnt 计数"选项，如图 3-3-15 所示。

图 3-3-15 插入 COUNT()函数

步骤 3：系统将在 B26 单元格中插入计数函数"=COUNT()"，同时自动识别参数"B23:B25"，手动将函数参数修改为"M3:M22"，如图 3-3-16 所示，或者选中 M3 单元格，按住鼠标左键并拖动鼠标至 M22 单元格，再单击编辑栏中的"输入"按钮应用函数，或者按"Enter"键，得到计算结果。

| | A | B | C | D |
|---|---|---|---|---|
| 21 | 2024019 | 马建国 | 运营 | 4000 |
| 22 | 2024020 | 王静 | 研发 | 5000 |
| 23 | 平均工资 | 7290.47 | | |
| 24 | 实发工资最大值 | 9997.8 | | |
| 25 | 实发工资最小值 | 5315 | | |
| 26 | 统计实发工资人数 | =COUNT(M3:M22) | | |
| 27 | | COUNT (值1, ...) | | |
| 28 | | | | |

图 3-3-16 修改函数参数

## 相关知识

### 一、单元格地址与引用

WPS 表格是通过单元格的地址来引用单元格的，单元格地址是指单元格的行号与列标的组合。例如，"=500+300+900"，数据"500"位于 B3 单元格中，其他数据依次位于 C3、D3 单元格中。通过引用单元格地址，在编辑栏中输入公式"=B3+C3+D3"，同样可以获得这三个数据的计算结果。在计算表格中的数据时，通常会通过复制或移动公式来实现快速计算，因此会涉及不同的单元格引用方式。WPS 表格中有相对引用、绝对引用和混合引用三种引用方式，不同的引用方式得到的计算结果也不相同。

- 相对引用。相对引用是指输入公式时直接通过单元格地址来引用单元格。相对引用单元格后，如果复制或移动公式到其他单元格中，那么公式中引用的单元格地址会根据复制或移动的目标位置发生相应改变。
- 绝对引用。绝对引用是指无论引用单元格中公式的位置如何改变，所引用的单元格均不会发生变化。绝对引用的形式是在单元格的行列号前加上符号"$"，或者按"F4"键。
- 混合引用。混合引用包含了相对引用和绝对引用。混合引用有两种形式，一种是行绝对、列相对，如"B$2"表示行不发生变化，但是列会随着新的位置发生变化；另一种是行相对、列绝对，如"$B2"表示列不发生变化，但是行会随着新的位置发生变化。

### 二、公式与函数

在计算表格中的数据时，利用 WPS 表格中的公式与函数既快捷又实用。

1. 公式的使用方法

WPS 表格中的公式是对工作表中的数据进行计算的等式，它以"="（等号）开始，其后是公式的表达式。公式的表达式可包含常量、运算符、单元格引用等。

- 公式的输入。在 WPS 表格中输入公式的方法与输入数据的方法类似，只需要将公式输入相应的单元格中，便可计算出结果。在工作表中选择要输入公式的单元格，在单元格或编辑栏中输入"="，接着输入公式内容，完成后按"Enter"键或单击编辑栏中的"输入"按钮。
- 公式的编辑。选择含有公式的单元格，将文本插入点定位至编辑栏或单元格中需要修改的位置，按"Backspace"键删除多余或错误的内容，再输入正确的内容，按"Enter"键完成对公式的编辑，表格会按新的公式自动计算。
- 公式的复制。在 WPS 表格中复制公式是快速计算数据的方法之一，因为在复制公式的过程中表格会自动改变引用单元格的地址，从而避免手动输入公式的麻烦，提高工作效率。通常使用"开始"选项卡中的复制粘贴命令或通过右键菜单进行复制粘贴；也可以拖曳填充柄进行复制；还可以选择添加了公式的单元格，按"Ctrl+C"组合键进行复制，将文本插入点定位至要粘贴的目标单元格中，按"Ctrl+V"组合键进行粘贴，完成对公式的复制。

在单元格中输入公式后，按"Enter"键可在计算出公式结果的同时选择同列的下一个单元格；按"Tab"键可在计算出公式结果的同时选择同行的下一个单元格；按"Ctrl+Enter"组合键则可在计算出公式结果后，仍保持当前单元格的选中状态。

2. 函数的使用方法

函数可以理解为 WPS 表格预定义好了某种算法的公式，它使用指定格式的参数来完成各种数据的计算。函数同样以等号"="开始，后面包括函数名称与结构参数。

WPS 表格对"函数"功能进行了全面优化，优化内容包括支持公式自动键入、参数中文提示、参数自动联想和提供函数教程视频等，更加适应中文使用环境，使函数应用更简单。WPS 表格提供了多种函数，每种函数的功能、语法结构及参数的含义各不相同，除 SUM 函数和 AVERAGE 函数之外，常用的函数还有 IF 函数、MAX 函数、MIN 函数、COUNT 函数、RANK 函数（包括 RANK.EQ 函数和 RANK.AVG 函数）、SUMIF 函数等。

- SUM 函数。SUM 函数的功能是对选中的单元格或单元格区域中的数据进行求和计算，其语法结构为 SUM(number1,number2,...)，其中，number1,number2,...表示若干个需要求和的参数。填写参数时，可以使用单元格地址（如 E6,E7,E8），也可以使用单元格区域（如 E6:E8），甚至可以混合输入单元格地址和单元格区域（如 E6,E7:E8）。

- AVERAGE 函数。AVERAGE 函数的功能是求平均值，其计算方法是先将选择的单元格或单元格区域中的数据相加，再除以单元格个数。AVERAGE 函数语法结构为 AVERAGE(number1,number2,...)，其中，number1,number2,...表示需要计算平均值的若干个参数。

- IF 函数。IF 函数是一种常用的条件函数，它能判断真假值，并根据逻辑计算得到的真假值返回不同的结果。IF 函数语法结构为 IF(logical_test,value_if_true, value_if_false)，其中，logical_test 表示计算结果为 true 或 false 的任意值或表达式；value_if_true 表示 logical_test 为 true 时要返回的值，可以是任意数据；value_if_false 表示 logical_test 为 false 时要返回的值，也可以是任意数据。

- MAX 函数、MIN 函数。MAX 函数的功能是返回所选单元格区域中所有数值的最大值，MIN 函数的功能是返回所选单元格区域中所有数值的最小值。MAX 函数、MIN 函数的语法结构为 MAX/MIN(number1,number2,...)，其中，number1,number2,...表示要筛选的若干个参数。

- COUNT 函数。COUNT 函数的功能是返回包含数字及包含参数列表中数字的单元格的个数，通常利用它来计算单元格区域或数字数组中数字字段的个数。COUNT 函数语法结构为 COUNT(value1,value2,...)，其中，value1,value2,...为包含或引用各种类型数据的参数(1~255 个)，但只有数字类型的数据才会被计算。

- RANK.EQ 函数。RANK.EQ 函数是排名函数，RANK.EQ 的功能是返回需要进行排名的数字的排名。如果多个数字具有相同的排名，则返回该数字的最高排名。RANK.EQ 函数语法结构为 RANK.EQ(number,ref,order)，其中，number 为需要确定排名的数字（单元格内必须为数字），ref 为数字列表数组或对数字列表的引用，order 用于指明排名的方式，若 order 的值为 0 或省略，则对数字的排名为基于 ref 降序排列的结果，其他取值时的排名逻辑相反。

- RANK.AVG 函数。RANK.AVG 函数也是排名函数，RANK.AVG 函数的功能是返回需要进行排名的数字的排名。如果多个数字具有相同的排名，则返回它们的平均值排名。RANK.AVG 函数语法结构为 RANK.AVG(number,ref,order)，其中，number 为需要确定排名的数字（单元格内必须为数字），ref 为数字列表数组或对数字列表的引用，order 用于指明排名的方式，若 order 的值为 0 或省略，则对数字的排名为基于 ref 降序排列的结果，其他取值时的排名逻辑相反。
- SUMIF 函数。SUMIF 函数的功能是根据指定条件对若干单元格中的数据进行求和。SUMIF 函数语法结构为 SUMIF(range,criteria,sum_range)，其中，range 为用于进行条件判断的单元格区域，criteria 为确定哪些单元格将被相加求和的条件，其形式可以为数字表达式或文本，sum_range 为需要求和的实际单元格。

**关联图谱**

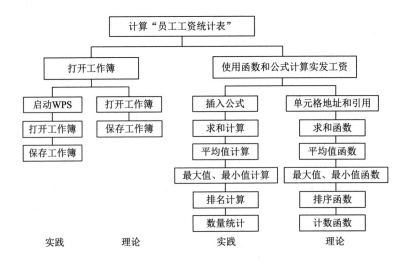

**自测习题**

## 一、选择题

1. 在 WPS 表格中，在单元格中输入公式时，必须以（　　）开头。
   A. +　　　　　　　　　B. =　　　　　　　　　C. *　　　　　　　　　D. #
2. WPS 表格的函数中各参数间的分隔符号是（　　）。
   A. 逗号　　　　　　　　B. 分号　　　　　　　　C. 冒号　　　　　　　　D. 空格
3. 当公式中出现了无效的单元格引用时，会出现（　　）提示。

A. #DIV/0!错误　　　B. #REF!错误　　　　C. ####错误　　　D. #NUM!错误

4. 在 WPS 表格中输入公式后，单元格中显示（　　　）。

A. 单元格地址　　　B. 公式计算结果　　　C. 公式本身　　　D. 单元格名称

5. 在 WPS 表格中，对单元格"$D$2"的引用是（　　　）。

A. 绝对引用　　　B. 相对引用　　　C. 一般引用　　　D. 混合引用

6. 在 WPS 表格中使用自动填充功能，将鼠标放在填充柄上，鼠标光标会变为（　　　）。

A. 指向左侧的箭头　　　　　　　　B. 指向右侧的箭头

C. 空心白十字　　　　　　　　　　D. 实心黑十字

7. 在 WPS 表格中，函数 MAX 的功能是（　　　）。

A. 求平均值　　　B. 排序　　　C. 求最大值　　　D. 求和

8. 在 WPS 表格中，函数 SUM 的功能是（　　　）。

A. 求平均　　　B. 求最大值　　　C. 求最小值　　　D. 求和

9. 在 WPS 表格中，在单元格中输入"=6+16+MIN(16,6)"，将显示（　　　）。

A. 38　　　B. 28　　　C. 22　　　D. 44

10. 在 WPS 表格中，在单元格 F3 中，求 A3、B3 和 C3 三个单元格中数值的和，不正确的形式是（　　　）。

A. =$A$3+$B$3+$C$3　　　　　　B. =SUM(A3,C3)

C. =A3+B3+C3　　　　　　　　　D. =SUM(A3:C3)

## 二、简答题

1. WPS 表格中公式和函数是如何使用的？

2. 计算平均值和求和的函数是什么？

3. 如何对表格中的数据进行排序？

# 任务四　统计与分析"员工工资统计表"

## 任务概述

　　若要了解公司员工的工资情况，仅仅对员工工资统计表进行计算是不够的，还需要对数据进行统计与分析，这样才能帮助用户从中发现规律，得出相关结论。数据的统计与分析是一个循序渐进的过程，首先要明确分析目标，清楚每个原始数据的含义；然后需要清洗数据，最后通过特定的方法对数据进行整理和分析。这与人们学习知识非常相似，学习也是一个日积月累、循序渐进的过程，不可能一蹴而就。小李同学利用 WPS 表格中的排序、筛选、图表等功能对员工工资统计表进行了统计与分析。

## 任务目标

### 知识目标

1. 掌握 WPS 表格中数据的排序和筛选方法。

2. 掌握 WPS 表格中数据分类汇总方法。

3. 掌握 WPS 表格中图表的操作和数据透视表的操作。

📖 技能目标

1. 能熟练使用 WPS 表格进行数据的排序和筛选。

2. 能熟练使用 WPS 表格进行数据的分类汇总。

3. 能熟练使用 WPS 表格进行图表、数据透视表的操作。

📖 素养目标

1. 培养学生细致认真、精益求精的精神品质。

2. 培养学生严谨的工作态度和认真负责的工作作风。

⚡ **实践训练**

## 一、打开工作簿

在表格保存路径下，双击"员工工资统计表.xlsx"工作簿，打开工作簿，选择"文件"菜单下的"另存为"命令，选择"Excel 文件(*.xlsx)"，打开"另存为"对话框，将"文件名称"设置为"4 统计分析员工工资"，并选择好文件的保存位置，单击"保存"按钮，如图 3-4-1 所示。

图 3-4-1　打开工作簿并另存

## 二、统计员工工资

1. 数据排序

数据排序就是将大量数据按照一定的顺序重新排列，从而可以快速找到数据中的最大值、最小值、中位数等。

步骤 1：选择"4 月份工资表-数据处理"工作表，对部门进行排序。选择 A2:R22

数据排序

单元格区域，在"数据"选项卡下选择"排序"下拉列表中的"自定义排序"选项，如图 3-4-2 所示。

图 3-4-2　选择"自定义排序"选项

步骤 2：在弹出的"排序"对话框中，在"列"（主要关键字）下拉列表中选择"所在部门"，在"排序依据"下拉列表中选择"数值"，在"次序"下拉列表中选择"升序"，单击"确定"按钮，如图 3-4-3 所示。

图 3-4-3　排序条件

返回工作表，可以发现工作表中数据已经按照部门名称的首字母升序排列，如图 3-4-4 所示。

WPS 表格支持自定义序列次序。在操作步骤 2 中弹出的"排序"对话框中，在"列"（主要关键字）下拉列表中选择"所在部门"，在"排序依据"下拉列表中选择"数值"，在"次序"下拉列表中选择"自定义序列"，如图 3-4-5 所示。

图 3-4-4　升序排列结果

图 3-4-5　选择"自定义序列"选项

弹出"自定义序列"对话框，在"输入序列"的文本框中输入"销售""研发""客服""运营"，单击"添加"按钮，将输入的序列添加到左侧自定义序列中，单击"确定"按钮，如图 3-4-6 所示。

此时返回工作表，可以发现工作表中数据已经按照部门名称"销售-研发-客服-运营"的顺序排列，如图 3-4-7 所示。

图 3-4-6　"自定义序列"对话框　　　　图 3-4-7　自定义排序结果

WPS 表格还支持多条件排序。可以按照部门升序排列，当部门名称相同时，按照员工编号进行降序排列。选择 A2:R22 单元格区域，在"数据"选项卡下选择"排序"下拉列表中的"自定义排序"选项，弹出"排序"对话框，单击"添加条件"按钮，在"列"（主要关键字）下拉列表中选择"所在部门"，在"排序依据"下拉列表中选择"数值"，在"次序"下拉列表中选择"升序"，在"列"（次要关键字）下拉列表中选择"员工编号"，在"排序依据"下拉列表中选择"数值"，在"次序"下拉列表中选择"降序"，单击"确定"按钮，如图 3-4-8 所示。

此时返回工作表，可以发现工作表中数据已经按照部门名称的首字母进行了升序排列、部门名称相同时按照员工编号进行了降序排列，如图 3-4-9 所示。进行多条件自定义排序时，可以通过"添加条件"按钮和"删除条件"按钮来更改排序规则。

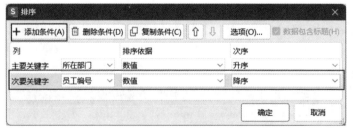

图 3-4-8　多条件排序　　　　　　　　图 3-4-9　多条件排序结果

## 2. 数据筛选

数据筛选可以使工作表只显示符合筛选条件的数据，而隐藏不需要的

数据筛选

数据。

数据筛选包括按值列表（文本筛选、数字筛选等）、按格式（按颜色筛选）或按条件三种筛选类型。

步骤 1：筛选出部门名称为"销售"的所有员工工资信息。选择 A2:R22 单元格区域，在"数据"选项卡下选择"筛选"下拉列表中的"筛选"选项，则工作表标题行单元格右侧出现下拉按钮，单击"所在部门"单元格旁边的下拉按钮，在弹出的列表框中，取消选中"全选"复选框，选中"销售"复选框，单击"确定"按钮，此时工作表中只显示销售部门的员工信息，如图 3-4-10 所示。

（a）选择"筛选"选项

（b）标题行出现筛选下拉按钮

（c）设置筛选条件

（d）筛选结果

图 3-4-10 数据筛选

步骤 2：单击"所在部门"右侧的下拉按钮，在打开的列表框中单击"清空条件"按钮，如图 3-4-11 所示，可以将刚刚的筛选结果清除。

步骤 3：现在要筛选出销售部门实发工资小于 8000 和研发部门实发工资大于 9000 的员工。在工作表数据区域之外，间隔一行，选择 A24 单元格，输入"所在部门"，在 A25 单元格输入"销售"，在 A26 单元格输入"研发"，选择 B24 单元格，输入"实发工资"，在 B25 单元格输入"<8000"，在 B26 单元格输入">9000"，如图 3-4-12 所示。

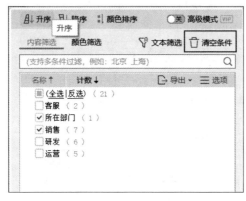

图 3-4-11　清空筛选条件　　　　　图 3-4-12　高级筛选条件

步骤 4：选择数据区域中的任意单元格，单击"数据"选项卡中的"筛选"下拉按钮，在打开的下拉菜单中选择"高级筛选"命令，如图 3-4-13 所示。

步骤 5：弹出"高级筛选"对话框，在"方式"栏中选中"将筛选结果复制到其他位置"单选按钮，在"列表区域"选择 A2:R22 区域，在"条件区域"选择 A24:B26 区域，在"复制到"选择 A28 单元格，单击"确定"按钮，如图 3-4-14 所示。

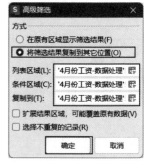

图 3-4-13　选择"高级筛选"命令　　　　　图 3-4-14　"高级筛选"对话框

可以在 A28 开始的单元格中显示筛选之后的结果，如图 3-4-15 所示，可以看到销售部门只有一名员工实发工资小于 8000，研发部门有 2 名员工实发工资大于 9000。

| 员工编号 | 姓名 | 所在部门 | 基本工资 | 绩效工资 | 话费补贴 | 住房公积金 | 基本养老保险 | 基本医疗保险 | 失业保险 | 专项附加扣除项目 | 专项附加扣除金额 | 应扣款项 | 应发工资 | 应纳税所得额 | 应纳所得税额 | 实发工资 | 工资排名 |
|---|---|---|---|---|---|---|---|---|---|---|---|---|---|---|---|---|---|
| 2021009 | 范长江 | 销售 | 3600 | 3650 | 500 | 432 | 288 | 75 | 7.2 | 住房租金 | 1500 | 2302.2 | 7750 | 447.8 | 13.434 | 7736.566 | 14 |
| 2023018 | 何光荣 | 研发 | 5000 | 4480 | 300 | 600 | 400 | 103 | 10 | 无 | 0 | 1113 | 9780 | 3667 | 156.7 | 9623.3 | 4 |
| 2022013 | 朱荞亮 | 研发 | 5000 | 4120 | 300 | 600 | 400 | 103 | 10 | 赡养老人 | 2000 | 3113 | 9420 | 1307 | 39.21 | 9380.79 | 5 |

图 3-4-15　高级筛选结果

### 3. 分类汇总

分类汇总

分类汇总是将工作表中的数据按照某字段排序后，再按此字段对记录分类，并对每类数据的一些数据项进行统计汇总，如求和、求平均值、计数等。

将员工工资表按照部门进行分类统计，分别计算各部门应发工资和实发工资的和、平均值，并统计部门人数。

步骤 1：选择 A2:R22 区域，首先按照部门进行升序排列。再单击"数据"选项卡下"分类汇总"按钮。弹出"分类汇总"对话框，在"分类字段"下拉列表中选择"所在部门"，在"汇总方式"下拉列表中选择"求和"，在"选定汇总项"列表框中选中"应发工资"和"实发工资"复选框，选中"替换当前分类汇总"复选框，选中"汇总结果显示在数据下方"复选框，单击"确定"按钮，返回到工作表，可以发现每个部门下方多出一行数据，统计了各部门应发工资和实发工资的和，如图 3-4-16 所示。

（a）"分类汇总"按钮 　　　　　　　　　　　　（b）分类汇总条件

（c）分类汇总结果

图 3-4-16　分类汇总

步骤 2：WPS 表格中的分类汇总功能还可以按照某一列进行两次不同方式的汇总。选择 A2:R22 单元格区域再次进行分类汇总操作。在"分类字段"下拉列表中选择"所在部门"，在"汇总方式"下拉列表中选择"计数"，在"选定汇总项"列表框中选中"姓名"复选框，取消选中"替换当前分类汇总"复选框，单击"确定"按钮。可以看到工作表中每个部门下方有两条汇总数据，分别显示各部门应发工资和实发工资的总和，以及各部门的人数，如图 3-4-17 所示。

（a）选择计数汇总方式

| | | | 员工工资表 | | | | | | | | | | | | | | |
|---|---|---|---|---|---|---|---|---|---|---|---|---|---|---|---|---|---|
| 员工编号 | 姓名 | 所在部门 | 基本工资 | 绩效工资 | 话费补贴 | 住房公积金 | 基本养老保险 | 基本医疗保险 | 失业保险 | 专项附加扣除项目 | 专项附加扣除金额 | 应扣款项 | 应发工资 | 应纳税所得额 | 应纳所得税额 | 实发工资 | 工资排名 |
| 2020004 | 马宏宇 | 客服 | 3800 | 1800 | 200 | 456 | 304 | 79 | 7.6 | 无 | | 846.6 | 5800 | 0 | 0 | 5800 | 22 |
| 2019002 | 高大山 | 客服 | 3800 | 2310 | 200 | 456 | 304 | 79 | 7.6 | 住房贷款 | 1000 | 1846.6 | 6310 | 0 | 0 | 6310 | 20 |
| | 2 | 客服 计数 | | | | | | | | | | | | | | | |
| | | 客服 汇总 | | | | | | | | | | | 12110 | | | 12110 | |
| 2023016 | 张伍 | 销售 | 3600 | 6700 | 500 | 432 | 288 | 75 | 7.2 | 继续教育（本科及以下） | 400 | 1202.2 | 10800 | 4597.8 | 249.78 | 10550.22 | 5 |
| 2023014 | 甘铁生 | 销售 | 3600 | 4030 | 500 | 432 | 288 | 75 | 7.2 | 无 | 0 | 802.2 | 8130 | 2327.8 | 69.834 | 8060.186 | 15 |
| 2022012 | 谭平山 | 销售 | 3600 | 4380 | 500 | 432 | 288 | 75 | 7.2 | 子女教育 | 1000 | 1802.2 | 8480 | 1677.8 | 50.334 | 8429.666 | 12 |
| 2021009 | 陈长江 | 销售 | 3600 | 3650 | 500 | 432 | 288 | 75 | 7.2 | 住房租金 | 1500 | 2302.2 | 7750 | 447.8 | 13.434 | 7736.566 | 17 |
| 2021008 | 章汉夫 | 销售 | 3600 | 3965 | 500 | 432 | 288 | 75 | 7.2 | 子女教育 | 1000 | 1802.2 | 8065 | 1262.8 | 37.884 | 8027.116 | 16 |
| 2020005 | 林群 | 销售 | 3600 | 4210 | 500 | 432 | 288 | 75 | 7.2 | 住房贷款 | 1000 | 1802.2 | 8310 | 1507.8 | 45.234 | 8264.766 | 13 |
| 2019001 | 赵万里 | 销售 | 3600 | 13000 | 500 | 432 | 288 | 75 | 7.2 | 子女教育 | 1000 | 1802.2 | 17100 | 10297.8 | 819.78 | 16280.22 | 2 |
| | 7 | 销售 计数 | | | | | | | | | | | | | | | |
| | | 销售 汇总 | | | | | | | | | | | 68635 | | | 67349.72 | |

（b）分类汇总结果

图 3-4-17 计数分类汇总结果

步骤 3：按照同样的方法，选择 A2:R22 区域，再次进行分类汇总操作，统计应发工资和实发工资的平均值，如图 3-4-18 所示。此时工作表中每个部门下方有三条汇总数据，分别显示各部门员工应发工资和实发工资的总和、平均值以及部门人数。

设置好分类汇总后，在表格左侧，可以隐藏或展开分类数据。

步骤 4：当需要取消设置好的分类汇总数据时，可以单击"数据"选项卡下的"分类汇总"按钮，在弹出的"分类汇总"对话框中，单击"全部删除"按钮，即可将设置好的分类汇总数据清除，如图 3-4-19 所示。

图 3-4-18 按平均值汇总

图 3-4-19 清除分类汇总数据

## 三、插入图表

图表可以直观显示数据的特点。柱形图是电子表格常见的图表样式之一，它可以直观地显示数据差异。

插入柱形图

### 1. 柱形图

步骤 1：统计、分析销售部门员工的绩效工资情况。打开"4 月份工资-图表分析"工作表，先将员工数据按照部门进行排序。

选中 B2:B9 区域，按住"Ctrl"键，再选择 E2:E9 区域，单击"插入"选项卡中的"图表"按钮，在弹出的"图表"对话框中选择"柱形图"中的"簇状"，单击插入预设图表，即可在工作表中插入柱形图，如图 3-4-20 所示。按同样的操作可以插入其他图表类型。

（a）单击"图表"按钮

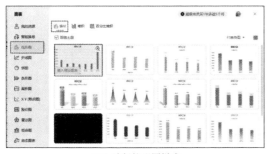

（b）选择柱形图样式

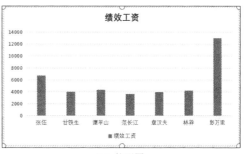

（c）柱形图

图 3-4-20　插入柱形图

步骤 2：修改图表标题为"销售部门员工绩效工资"。如果要修改图表尺寸，选中图表，在图表四周出现 6 个空心圆点，使用鼠标拖动任意一个，即可以调整图表大小，如图 3-4-21 所示。

图 3-4-21　调整图表大小

步骤 3：创建图形后，选中图形，单击"图表工具"选项卡中的"快速布局"下拉按钮，在弹出的下拉菜单中选择"布局 2"，即可为柱形图快速布局，如图 3-4-22 所示。

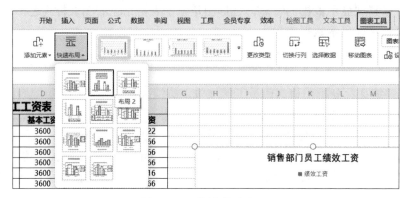

图 3-4-22　图表快速布局

步骤 4：为了使所创建的图形更加清晰明了，可以添加并设置数据标签。选中柱形图，单击"图表工具"选项卡中的"添加元素"下拉按钮，在弹出的下拉菜单中选择"坐标轴"命令，单击相应子命令添加"主要横向坐标轴"和"主要纵向坐标轴"，如图 3-4-23 所示。

图 3-4-23　添加坐标轴

单击"添加元素"下拉按钮，选择"轴标题"→"主要横向坐标轴"命令，添加横向坐标轴，修改坐标轴标题为"姓名"，按同样方法添加纵向坐标轴，修改轴标题为"金额（元）"，如图 3-4-24 所示。

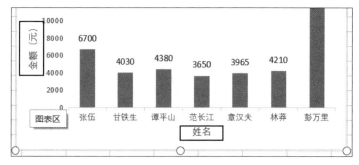

图 3-4-24　添加轴标题

单击"添加元素"下拉按钮，选择"数据标签"命令，在弹出的子菜单中选择"数据标签外"命令,这样就为柱形图添加了数据标签,如图 3-4-25 所示。

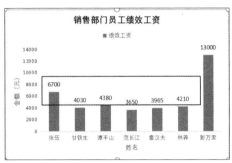

图 3-4-25 添加数据标签

步骤 5:为了更好地区分图表各个部分的内容,可以设置图表区域格式。选中整个图表,右击,选择"设置图表区域格式"选项,右侧弹出"属性"任务窗格,在"图表选项"选项卡下选择"填充与线条",在"填充"栏中选中"纯色填充"单选按钮,选择颜色为浅紫色,如图 3-4-26 所示。

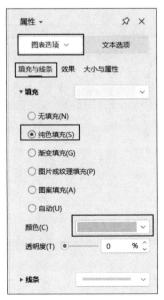
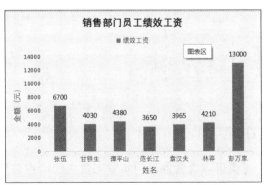

图 3-4-26 设置图表颜色

步骤 6:在"属性"任务窗格中单击"图表选项"下拉按钮,选择"绘图区选项",在"填充与线条"下"填充"栏中选中"纯色填充"单选按钮,选择颜色为粉色,关闭

"属性"任务窗格，如图 3-4-27 所示。

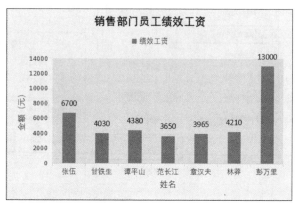

图 3-4-27　设置绘图区颜色

步骤 7：创建好图表之后，如果发现图表类型选择得不合适，可以选中图表，单击"图表工具"选项卡中的"更改类型"按钮，在弹出的"更改图表类型"对话框中重新选择"折线图"中的"折线图"选项，单击"插入"按钮。返回工作表，即将图表类型更改为"折线图"，如图 3-4-28 所示。

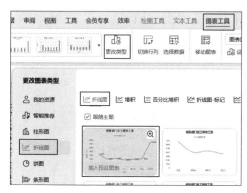
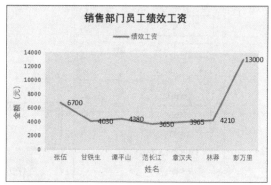

图 3-4-28　更改图表类型

## 2. 饼图

利用饼图可以查看各部门实发工资之和所占总数的比例。

步骤 1：打开"4 月份工资-图表分析 2"工作表，选中 B2 到 C6 单元格，单击"插入"选项卡中的"图表"按钮，选择"饼图"选项，单击插入预设图表，即可以将各部门的实发工资之和显示在饼图的各个区域，如图 3-4-29 所示。

步骤 2：选中饼图，在"图表工具"选项卡下单击"快速布局"下拉按钮，在打开的下拉列表中选择"布局 3"选项，单击"添加元素"下拉按钮设置"数据标签"，选择"数据标签内"选项。修改图表标题为"各部门实发工资饼状图"。效果如图 3-4-30 所示。

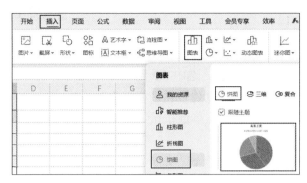

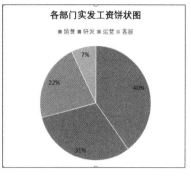

图 3-4-29　插入饼图　　　　　　　　　图 3-4-30　为饼图添加元素

步骤 3：选中图表区域，右击，选择"设置图表区域格式"选项，弹出"属性"任务窗格，在"标签选项"下拉列表中选择"系列'实发工资'数据标签"，在"标签"选项下选中"类别名称""值""百分比""显示引导线"复选框，关闭"属性"任务窗格，如图 3-4-31 所示。

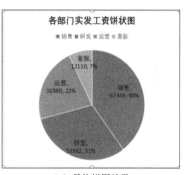

（a）选择数据标签　　　　（b）选择标签显示内容　　　　（c）最终饼图效果

图 3-4-31　修改饼图标签

步骤 4：有时为了强调图表数据的重要性，需要将创建的图表单独存放在一张工作表中。单击"图表工具"选项卡中的"移动图表"按钮，在弹出的"移动图表"对话框中，选中"新工作表"单选按钮，在右侧的文本框中输入"各部门实发工资占比情况统计"，单击"确定"按钮，如图 3-4-32 所示。可以看到饼图被移动到一个新的工作表中，工作表名称为"各部门实发工资占比情况统计"。

图 3-4-32　移动图表

数据透视表-创建+添加字段

### 四、数据透视图表

#### 1. 数据透视表

数据透视表是一种可以快速汇总大量数据的交互式表。

步骤 1：打开"4 月份工资-数据处理"工作表，选中 A2 到 R22 单元格区域，单击"插入"选项卡中的"数据透视表"按钮，弹出"创建数据透视表"对话框，选中"请选择放置数据透视表的位置"栏中的"新工作表"单选按钮，单击"确定"按钮，如图 3-4-33 所示。

步骤 2：在新工作表的窗口右侧弹出"数据透视表"任务窗格，如图 3-4-34 所示，在字段列表下，可以用鼠标进行拖动，单击"所在部门"，按住鼠标左键，拖动到"行"标签内。左侧数据透视表区域显示一共四个部门的信息。单击"姓名"字段，拖动至"值"标签内。左侧数据透视表中显示每个部门的员工人数。

图 3-4-33　插入数据透视表

图 3-4-34　添加字段

步骤 3：单击"实发工资"字段，拖动至"值"标签区域，可以统计每个部门的实发工资总和。若想统计实发工资的平均值，在"值"标签区域单击实发工资求和项，选择"值字段设置"命令，将"值汇总方式"选择为"平均值"，单击"确定"按钮，单击"应发工资"字段，拖动至"值"标签区域，统计应发工资求和项，如图 3-4-35 所示。

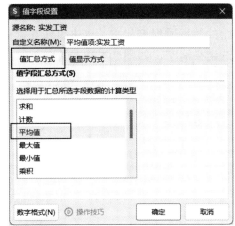

图 3-4-35 修改值汇总方式

步骤 4：若要删除字段，单击字段区域，选择"删除字段"命令，如图 3-4-36 所示。

步骤 5：可以通过筛选器来对某个字段进行筛选，只显示筛选之后的数据。将"所在部门"字段从"行"标签内拖动至"筛选器"标签内。在左侧数据透视表中，只显示全部部门的实发工资和以及全部部门人数，如图 3-4-37（a）所示。

图 3-4-36 删除字段

单击"所在部门"下拉按钮，清除全部，选中"销售"复选框，单击"确定"按钮，数据透视表中只显示销售部门的实发工资和、人数。再次单击"所在部门"下拉按钮，选中"销售""客服"复选框，可以显示"销售"和"客服"两个部门的实发工资和以及人数总和，如图 3-4-37（b）所示。

（a）将"所在部门"字段移动到"筛选器"标签内

（b）筛选"销售"和"客服"两个部门数据

图 3-4-37 通过筛选器筛选部门数据

步骤 6：如果不需要筛选器，可以将筛选器中的字段拖动至"行"标签内，即可返回最原始的数据透视表状态，单击"所在部门"下拉按钮，选择"清空条件"命令，可以将筛选结果清空，如图 3-4-38 所示。

数据透视表-筛选器+
组选择

图 3-4-38　清除筛选

步骤 7：若想分析查看多个部门的统计汇总信息，可以通过组合的方式。选择销售和研发部门，在"分析"选项卡下单击"组选择"按钮。此时，所在部门分成三个组，数据组 1 包括销售和研发两个部门的汇总数据，客服、运营分别单独一个组，显示各自部门的汇总数据，如图 3-4-39 所示。

图 3-4-39　组选择

步骤 8：在"设计"选项卡中的"分类汇总"下拉列表中选择"在组的底部显示所有分类汇总"命令，即可将每组的分类汇总显示在组下方，数据组 1 显示两个部门的实发工资和人数之和。若要取消组，选中数据组 1，单击"取消组合"按钮，如图 3-4-40 所示。

步骤 9：单击数据透视表区域的任意单元格，单击"分析"选项卡中的"插入切片器"按钮，打开"插入切片器"对话框，选中"所在部门"和"专项附加扣除项目"复选框，单击"确定"按钮，如图 3-4-41 所示。

图 3-4-40　取消组选择　　　　　　　图 3-4-41　"插入切片器"对话框

步骤 10：移动两个切片器至合适的位置，单击"所在部门"切片器中的"销售"选项，可以看到数据透视表中只显示销售部门的统计数据。再单击"专项附加扣除项目"中的"住房贷款"选项，可以看到数据透视表中只显示销售部门中专项附加扣除项目为住房贷款的一名员工的统计信息，如图 3-4-42 所示。单击"专项附加扣除项目"右上角的"清除筛选器"按钮，可以清除切片器筛选结果，单击"所在部门"的"清除筛选器"按钮，清除销售部门的筛选结果，如图 3-4-43 所示。

数据透视表-切片器

数据透视图

图 3-4-42　切片器应用　　　　　　图 3-4-43　清除切片器

### 2. 数据透视图

数据透视图是根据数据透视表中数据绘制的交互性图。

步骤 1：选中数据表区域的任意单元格，单击"插入"选项卡中的"数据透视图"按钮。选择"柱形图"，单击"簇状"，选择插入预设图表，即可插入数据透视图，如图 3-4-44 所示。

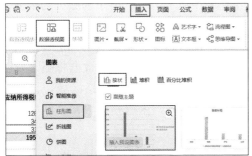

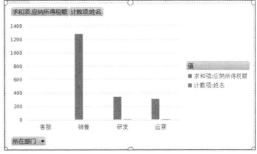

图 3-4-44　插入数据透视图

步骤 2：数据透视图显示为数据透视表中所有的统计数据，可以在右侧"数据透视图"任务窗格中添加或删除字段，添加应发工资平均值。修改值字段为"平均值"，单击"确定"按钮。数据透视表和数据透视图会同时进行修改。在数据透视图中，单击"所在部门"下拉按钮，可以进行筛选，取消选中"全部"复选框，选中"研发"复选框，单击"确定"按钮，可以只显示研发部门统计数据，如图 3-4-45 所示。

图 3-4-45　在数据透视图中筛选字段

## 相关知识

### 一、数据的排序和筛选

在工作表中完成数据的录入操作后，为了便于查阅，有时需要对数据进行排序操作，有时则需要显示数据中某一类特定的信息。此时，用户可以使用表格的"排序和筛选"功能来实现相应操作。

#### 1. 数据排序

数据排序是统计工作中的一项重要内容，在 WPS 表格中可将数据按照指定的规律排序。一般情况下数据排序分为以下三种情况。

- 单列数据排序。单列数据排序是指在工作表中以一列单元格中的数据为依据，对工作表中的所有数据进行排序。
- 多列数据排序。在对多列数据进行排序时，需要以某个数据为基础进行排列，该数据就称为"关键字"。以关键字排序，其他列中的单元格数据将随之发生变化。对多列数据进行排序时先要选择多列数据对应的单元格区域，再选择关键字，WPS 表格会自动根据该关键字进行排序，未选择的单元格区域将不参与排序。
- 自定义排序。使用自定义排序可以设置多个关键字对数据进行排序，并可以使用其他关键字对相同的数据进行排序。

2. 数据筛选

数据筛选是对数据进行分析时常用的操作之一。数据筛选分为以下三种情况。

- 自动筛选。自动筛选数据即根据用户设定的筛选条件，自动将表格中符合条件的数据显示出来而表格中的其他数据将会被隐藏。
- 自定义筛选。自定义筛选是在自动筛选的基础上进行的，即先对数据进行自动筛选操作，再单击字段名称右侧的"筛选"按钮，在弹出的下拉列表中选择相应的筛选条件，在打开的"自定义自动筛选"对话框中进行相关设置。
- 高级筛选。若需要根据自己设置的筛选条件对数据进行筛选，则需要使用高级筛选功能。高级筛选功能可以筛选出同时满足两个或两个以上条件的数据。

## 二、数据的分类汇总

数据的分类汇总就是将性质相同或相似的一类数据放到一起，使它们成为"一类"，并对这类数据进行各种统计计算。这样不仅能使电子表格的数据结构更加清晰，还能有针对性地对数据进行汇总。选择要进行分类汇总的字段，并对该字段进行排序设置，在"数据"选项卡中单击"分类汇总"按钮，打开"分类汇总"对话框，在其中设置好分类字段、汇总方式、选定汇总项、汇总结果的显示位置等，完成分类汇总操作。

## 三、图表的种类

利用图表可将抽象的数据直观地表现出来，而将电子表格中的数据与图形联系起来，可以让数据更加清楚、更容易被理解。WPS 表格提供了十多种标准类型和多种自定义类型的图表，如柱形图、折线图、条形图、饼图等，如图 3-4-46 所示。

- 柱形图。柱形图主要用于显示一段时间内的数据变化情况或对数据进行对比分析。在柱形图中，通常沿水平坐标轴显示类别，沿垂直坐标轴显示数值。
- 折线图。折线图可直观地显示数据的变化趋势，因此，折线图一般适用于显示在相等时间间隔下数据的变化趋势。在折线图中，沿水平坐标轴均匀分布的是类别数据，沿垂直坐标轴分布的是所有值。
- 条形图。条形图主要用于显示各项目之间的比较情况，使得项目之间的对比关系一目了然。如果表格中的数据是持续型的，那么选择条形图是非常合适的。
- 饼图。饼图用于显示相应数据项占该数据系列总和的比例值，饼图中的数据为数据项的占有比例。饼图通常应用于市场份额分析、市场占有率分析等场合，它能直观地表达出每一块区域所占的比例大小。

图表中包含许多元素，默认情况下只显示其中部分元素，其他元素可根据需要添加。图表元素主要包括图表区、图表标题、坐标轴（水平坐标轴和垂直坐标轴）图例、绘图区、数据系列等。图 3-4-47 所示为一个簇状柱形图的元素组成。

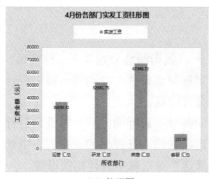

（a）柱形图

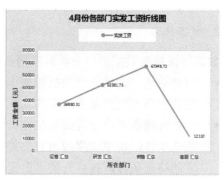

（b）折线图

（c）条形图

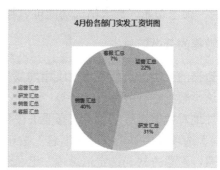

（d）饼图

图 3-4-46　图表类型

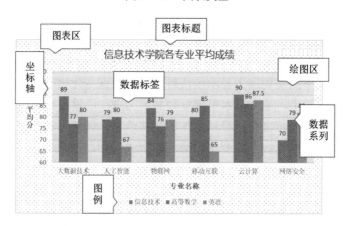

图 3-4-47　簇状柱形图的元素组成

- 图表区。图表区是指包含整个图表及全部图表元素的区域。图表区的设置包括对图表区的背景进行填充、对图表区的边框进行设置，以及对三维格式进行设置等。
- 图表标题。图表标题是一段文本，对图表起补充说明作用。创建图表时，系统一般会自动添加图表标题。若图表中未显示标题，则可以手动添加，并将其放在图表上方或下方。
- 坐标轴。坐标轴用于对数据进行度量和分类，它包括水平坐标轴和垂直坐标轴，在垂直坐标轴中显示图表数据，在水平坐标轴中显示数据分类。

- 图例。图例是一个方框，用于标识图表中的数据系列或分类指定的图案或颜色，一般显示在图表区的右侧，但图例的位置不是固定不变的，而是可以根据需要进行移动的。
- 数据标签。数据标签用来标识数据的文本或图形信息，可以将数据值显示在数据点或图的上方、下方、内容等位置，可以直观地看到每个数据点对应的具体数值，方便数据分析和比较。
- 绘图区。绘图区是由坐标轴界定的区域，在二维图表中，绘图区包括所有数据系列。在三维图表中，绘图区除了包括所有数据系列外，还包括分类名、刻度线标志和坐标轴标题。
- 数据系列。数据系列即在图表中绘制的相关数据，这些数据来源于工作表的行或列。图表中的每个数据系列都具有唯一的颜色或图案且表示在图表的图例中。可以在图表中绘制一个或多个数据系列。

## 四、数据透视图表

数据透视表可以对大量数据进行快速汇总并建立交叉列表，它能够清晰地反映出电子表格中的数据信息。可以按照数据表格的不同字段从多个角度进行透视，并建立交叉表格，用以查看数据表格不同层面的汇总信息、分析结果以及摘要数据。从结构上看，数据透视表由四部分组成，如图 3-4-48 所示。

- 筛选区域。该区域中的字段将作为数据透视表中的报表筛选字段。
- 行区域。该区域中的字段将作为数据透视表的行标签。
- 列区域。该区域中的字段将作为数据透视表的列标签。
- 值区域。该区域中的字段将作为数据透视表中显示的汇总数据。值的汇总方式默认为"求和"，可以根据需要将其更改为"计数""平均值""最大值""最小值"等。

图 3-4-48　数据透视表区域

数据透视表中的基本术语包括数据源、字段、项。

- 数据源：用于创建数据透视表的数据源，可以是单元格区域、定义的名称、另一个数据透视表数据或其他外部数据来源。
- 字段：数据源中各列的列标题，每个字段代表一类数据。字段可分为：报表筛选字段、行字段、列字段、值字段。
- 项：项是每个字段中包含的数据，表示数据源中字段的唯一条目。

将字段添加到数据透视表中的操作如下。

- 在"数据透视表"任务窗格中选中要添加字段对应的复选框即可。
- 右击。在"数据透视表"任务窗格中要添加的字段上右击，在弹出的快捷菜单中选择添加字段的位置。这种方法适用于用户自定义筛选模式。

- 拖曳鼠标。将鼠标指针定位到要添加的字段上，按住鼠标左键将其拖曳至目标区域中。这种方法便于用户根据自己的需求自定义数据透视表的字段。

在数据透视表中，可以使用切片器来进行动态筛选。多个选项组合的筛选功能，动态可交互，切片器的功能和筛选器的功能一模一样，不同的是切片器可以用来交互，且比筛选器操作更方便。

还可以对数据透视表中的数据进行分组，从而帮助用户显示要分析的数据的子集。

数据透视图是建立在数据透视表的基础上的，具备良好的交互性，是一种动态图表。数据透视表上的四大区域（筛选区域、列区域、行区域、值区域）与数据透视图一一对应。

数据透视表中的行区域对应数据透视图中的 X 轴，列区域对应 Y 轴，值区域对应数据系列。

## ▍▍ 关联图谱

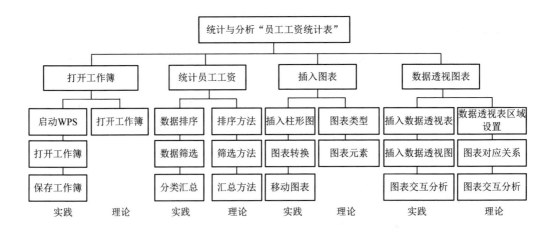

## 自 测 习 题

## 一、选择题

1. 下列关于数据的排序和筛选的说法中不正确的是（　　）。

　A. WPS 表格为用户提供了对数据进行排序和筛选的功能，用户可以根据自己的需要对数据进行多种方式的设置

　B. 对所选数据，可以按升序排序，最小的数据将位于该列的最前端

　C. 对所选数据，可以按降序排序，最大的数据将位于该列的最前端

　D. 使用数据筛选功能可将工作表中满足筛选条件的数据显示出来，将不满足条件的数据删除

2. 在 WPS 表格中，数据清单的高级筛选的条件区域中，对于各字段"与"的条件（　　）。

　A. 一定要写在不同行　　　　　　B. 可以写在不同的行中

　C. 必须写在同一行中　　　　　　D. 对条件表达式所在的行无严格的要求

3. 以下各项中对 WPS 表格中的筛选功能描述正确的是（    ）。

    A. 按要求对工作表数据进行排序

    B. 隐藏符合条件的数据

    C. 只显示符合设定条件的数据，而隐藏其他数据

    D. 按要求对工作表数据进行分类

4. 在 WPS 表格中插入图表后，如果数据表中数据进行了修改，则（    ）。

    A. 图表不受影响               B. 图表也相应作改动

    C. 图表消失                    D. 系统出错

5. WPS 表格中关于图表说法不正确的是（    ）。

    A. 可以改变大小             B. 可以移动位置

    C. 不可以进行编辑修改        D. 可以复制

6. WPS 表格中图表的图例，不可以（    ）。

    A. 改变位置      B. 改变大小      C. 编辑      D. 移出图表外

7. 下列选项中，（    ）不是 WPS 表格所能产生的图表类型。

    A. 柱形图      B. 条形图      C. 饼图      D. 方形图

8. 在 WPS 表格中，对一工作表进行排序，当在"排序"对话框中没有选择"数据包含标题"选项时，该标题行（    ）。

    A. 将参加排序              B. 将不参加排序

    C. 位置总在第一行         D. 位置总在倒数第一行

9. 以下关于数据透视表的描述，不正确的是（    ）。

    A. 可以动态地更改数据源

    B. 可以按不同的维度进行数据分组

    C. 可以计算各种统计值，如总和、平均值等

    D. 只能处理静态数据，无法处理动态数据

10. 在 WPS 表格中，可以帮助用户快速分析大量数据的是（    ）。

    A. 公式编辑器    B. 图表制作工具    C. 数据透视表    D. 宏录制器

## 二、简答题

1. WPS 表格中进行排序和筛选的步骤是什么？

2. 如何根据数据插入图表并美化图表？

3. 如何设计数据透视表？

# 任务五　保护并打印"试用期员工转正考核表"

## ⚡ 任务概述

　　试用期员工转正考核表是对试用期员工各方面能力和工作表现进行评估的依据，为了以后存档备查，一般将表格打印出来到公司人事部门加盖公章。小李同学在实习单位

顺利转正，他想要将转正考核表打印出来，将纸质盖章版存档一份。

## ⚡ 任务目标

📖 **知识目标**

1. 熟悉 WPS 表格中工作簿、工作表的保护方法。

2. 掌握 WPS 表格中工作表的打印设置方法。

📖 **技能目标**

1. 能熟练使用 WPS 表格进行工作簿、工作表的保护设置。

2. 能熟练使用 WPS 表格进行工作表的打印设置。

📖 **素养目标**

1. 培养学生细致认真、精益求精的精神品质。

2. 培养学生严谨的工作态度和认真负责的工作作风。

## ⚡ 实践训练

### 一、打开工作簿

步骤 1：启动 WPS Office。打开"开始"菜单，选择"WPS Office"→"WPS Office"选项，或直接双击桌面上的"WPS Office"图标，即可启动 WPS Office。

步骤 2：打开表格。进入首页之后，界面左侧显示各组，右侧显示最近编辑过的工作簿和打开过的文件，选择"打开"选项，弹出"打开文件"对话框，根据文件保存路径，找到需要打开的工作簿，单击工作簿，单击"打开"按钮，即可打开选择的工作簿，如图 3-5-1 所示。

图 3-5-1　打开工作簿

### 二、工作簿的保护、撤销与共享

若想保护工作簿中的所有工作表，则需要对工作簿进行保护设置。除此之外，有时为了方便进行协同办公，多个用户可能需要共享某个工作簿，此时就可以利用 WPS 表格的共享功能来实现工作簿的共享。

工作簿的保护、撤销

#### 1. 工作簿的保护与撤销

若不希望工作簿中的结构被他人随意更改或删除，则可以使用工作簿的保护功能，保证工作簿的结构和窗口不被他人修改。具体操作步骤如下。

步骤 1：选择需要保护的工作簿，单击"审阅"选项卡中的"保护工作簿"按钮，如图 3-5-2 所示，弹出"保护工作簿"对话框，输入密码"123"，单击"确定"按钮，如图 3-5-3 所示。

图 3-5-2　"保护工作簿"按钮

**注意**：保护工作簿可不设置密码。

步骤 2：弹出"确认密码"对话框，在"重新输入密码"文本框中输入相同的密码"123"，单击"确定"按钮，完成工作簿结构的保护设置，如图 3-5-4 所示。

步骤 3：返回工作表后，不能删除、移动、插入工作表，如图 3-5-5 所示。

图 3-5-3　"保护工作簿"对话框

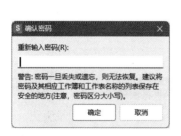

图 3-5-4　确认密码

图 3-5-5　受保护工作簿的相关命令无法执行

步骤 4：如需撤销保护，单击"撤销工作簿保护"按钮，输入工作簿的保护密码"123"，单击"确定"按钮即可，如图 3-5-6 所示。

图 3-5-6　撤销工作簿保护

## 2. 工作簿的共享

通过共享工作簿功能可以在多人同时访问共享目录中的工作簿时，允许同时查看和修订，以达到跟踪工作簿状态并及时更新信息的目的，实现高效的协同办公。

步骤 1：选择需要共享的工作簿，选择"审阅"选项卡，单击"共享工作簿"下拉按钮，选择"共享工作簿"命令，弹出"共享工作簿"对话框，选中"允许多用户同时编辑，同时允许工作簿合并"复选框，单击"确定"按钮，如图 3-5-7 所示。

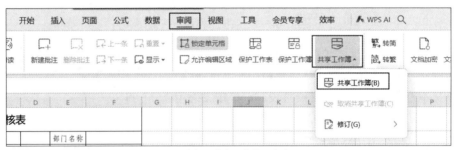

（a）选择"共享工作簿"命令

（b）"共享工作簿"对话框

（c）工作簿显示"共享"

图 3-5-7　共享工作簿

步骤 2：若需要取消工作簿的共享，选择"审阅"选项卡，单击"共享工作簿"下拉按钮，在打开的下拉列表中选择"取消共享工作簿"命令，即可撤销工作簿的共享功能，如图 3-5-8 所示。

图 3-5-8　撤销工作簿的共享功能

### 三、工作表的保护和撤销

工作簿的共享、工作表的保护和撤销

保护工作表就是通过密码对锁定的单元格进行保护，以防止工作表中的数据被更改。

步骤 1：选择工作表"试用期员工转正考核表"，选择"审阅"选项卡，单击"保护工作表"按钮，弹出"保护工作表"对话框，填写密码"123"，选中"允许此工作表的所有用户进行"栏中的"选定锁定单元格""选定未锁定单元格"复选框，单击"确定"按钮，如图 3-5-9 所示。

步骤 2：打开"确认密码"对话框，输入相同密码后，单击"确认"按钮，完成工作表的保护设置。

步骤 3：设置完成后，验证工作表保护效果，如对工作表中的数据进行编辑时，系统提示"被保护单元格不支持此功能"，如图 3-5-10 所示。

步骤 4：若要取消工作表的保护功能，单击"撤销工作表保护"按钮，在打开的"撤销工作表保护"对话框中输入工作表的保护密码"123"，单击"确定"按钮即可，如图 3-5-11 所示。

图 3-5-9　"保护工作表"对话框

图 3-5-10　验证工作表保护效果

图 3-5-11　撤销工作表保护

### 四、工作表的打印

表格编辑完成后，可以将其打印出来进行存档，在打印表格前，需要先预览打印效果，对效果满意后再执行打印操作。在 WPS 表格中，根据打印内容的不同，可将打印分为两种情况：一种是打印整张工作表，另一种是打印部分区域。

### 1. 设置页面参数

选择需要打印的工作表，设置页面纸张方向和纸张大小。

选择"试用期员工转正考核表"工作表，选择"页面"选项卡，选择"纸张方向"下拉列表中的"纵向"选项，如图 3-5-12 所示。

打印工作表

图 3-5-12 设置纸张方向

选择"页面"选项卡，选择"纸张大小"下拉列表中的"A4"选项，如图 3-5-13 所示。

图 3-5-13 设置纸张大小

### 2. 设置打印区域

当只需打印表格中的部分区域时，可先设置工作表的打印区域，再执行打印操作。

选择"试用期员工转正考核表"，选择 A1:F15 单元格区域，在"页面"选项卡中单击"打印区域"下拉按钮，在弹出的下拉列表中选择"设置打印区域"选项，如图 3-5-14 所示。此时，工作表的名称框中将显示"Print Area"字样，表示将所选区域作为打印区域。

### 3. 设置页眉页脚

在打印页面上可以打印出页眉页脚。

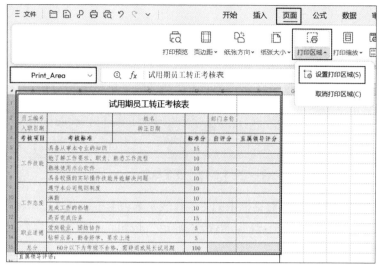

图 3-5-14 设置打印区域

步骤 1：选择"页面"选项卡，单击"页眉页脚"按钮，如图 3-5-15 所示，弹出"页面设置"对话框。

图 3-5-15 单击"页眉页脚"按钮

步骤 2：在"页面设置"对话框中的"页眉/页脚"选项卡中，单击"页眉"右侧的"自定义页眉"按钮，在打开的对话框中输入"×××集团有限公司"，在"页脚"下拉列表中选择"第 1 页，共？页"选项，单击"确定"按钮，即可设置工作表的页眉页脚，如图 3-5-16 所示。

图 3-5-16 设置页眉页脚

**4. 设置标题行**

步骤 1：选择"页面"选项卡，单击"打印标题"按钮，如图 3-5-17 所示，弹出"页面设置"对话框。

图 3-5-17　设置标题

步骤 2：在"页面设置"对话框中的"工作表"选项卡中，在"打印标题"栏的"顶端标题行"文本框中输入"$1:$1"，单击"确定"按钮，即可对工作表设置标题行，如图 3-5-18 所示。

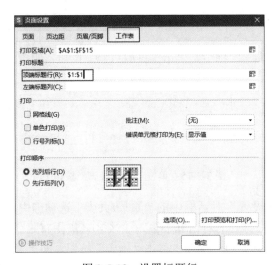

图 3-5-18　设置标题行

**5. 设置页边距、打印缩放**

页边距是工作表内容和页面边缘之间的距离，在打印时，为了让工作表符合预期排版，常常需要设置工作表的页边距。有时为了将更多的内容打印在一张纸上，通过设置工作表的打印缩放来实现。

步骤 1：选择"试用期员工转正考核表"，选择"页面"选项卡，单击"页边距"下拉按钮，弹出"页边距"下拉菜单，选择"自定义页边距"选项，如图 3-5-19 所示。

步骤 2：在弹出的"页面设置"对话框中，选择"页边距"选项卡，分别设置页面的上、下、左、右边距，并在"居中方式"栏中，选中"水平"和"垂直"复选框，如图 3-5-20 所示。

步骤 3：在"页面"选项卡中单击"打印缩放"下拉按钮，选择相关命令，可以将工作表的行或者列进行缩放，以便打印在一页上，如图 3-5-21 所示。

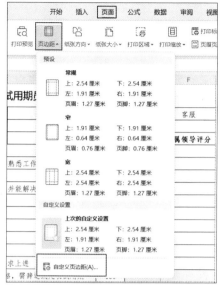

图 3-5-19　选择"自定义页边距"选项

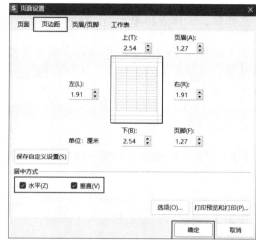

图 3-5-20　设置页边距

## 6. 打印工作表

单击"页面"选项卡中的"打印预览"按钮，打开"打印预览"界面，在界面左侧预览工作表的打印效果，在界面右侧"打印设置"窗格中选择连接的打印机，份数为"1"，"纸张信息"为"A4，纵向"，"打印方式"为"单面打印"，"打印范围"为"选定工作表"，"页边距"为"常规"，设置完成后单击"打印"按钮即可打印，如图 3-5-22 所示。

图 3-5-21　打印缩放设置

图 3-5-22　打印工作表

### ⚡ 相关知识

#### 一、工作簿、工作表和单元格的保护

为了避免电子表格中的重要数据被人为修改或破坏，WPS 表格提供了全面的数据保护功能，包括工作簿的保护、工作表的保护及单元格的保护等。下面介绍实现这些保护功能的操作方法。

##### 1. 保护工作簿

保护工作簿是指将工作簿设为保护状态，禁止他人修改和删除。对工作簿进行保护设置可以防止他人随意添加、删除或更改工作表。

打开要保护的工作簿，选择"审阅"选项卡，单击"保护工作簿"按钮，在弹出的"保护工作簿"对话框中输入密码后，单击"确定"按钮，即可对工作簿设置保护，如图 3-5-23 所示。

（a）单击"保护工作簿"按钮

（b）输入保护密码

图 3-5-23　保护工作簿设置

图 3-5-24　"撤销工作簿保护"对话框

对工作簿进行保护后，编辑受限，不能删除、移动、添加工作表。如果需要撤销保护，选择"审阅"选项卡，单击"撤销保护工作簿"按钮，在弹出的"撤销工作簿保护"对话框中输入密码后，单击"确定"按钮，即可撤销工作簿的保护，如图 3-5-24 所示。

##### 2. 保护工作表

保护工作表实质上就是为工作表设置一些限制条件，从而起到保护工作表内容的作用。

选择要保护的工作表，在"审阅"选项卡中单击"保护工作表"按钮，打开"保护工作表"对话框，输入密码，选择允许工作表的所有用户进行的操作，单击"确定"按钮。打开"确认密码"对话框，输入相同密码后，单击"确认"按钮，完成工作表的保

护设置。

　　设置完成后，验证工作表保护效果，如对工作表中的数据进行编辑时，系统提示"被保护单元格不支持此功能"，提示用户只有取消工作表保护后才能对数据进行更改。

## 二、工作表的打印设置

　　工作表制作完成后，可以将其打印出来供他人使用，但在打印之前，用户还需要设置工作表的打印区域。

　　选择要打印的单元格区域，在"页面"选项卡中单击"打印区域"下拉按钮，在弹出的下拉列表中选择"设置打印区域"选项。

　　在"页面"选项卡中单击"打印缩放"下拉按钮，可以将工作表的行或者列进行缩放，以便打印在一页上。

　　在"页面"选项卡中单击"打印预览"按钮，打开"打印预览"界面，可以设置打印份数、选择打印机外，还可以设置打印区域、页数范围、打印顺序、打印方向、页面大小、页边距等，设置完成后单击"打印"按钮即可进行打印。

## ▌▌ 关联图谱

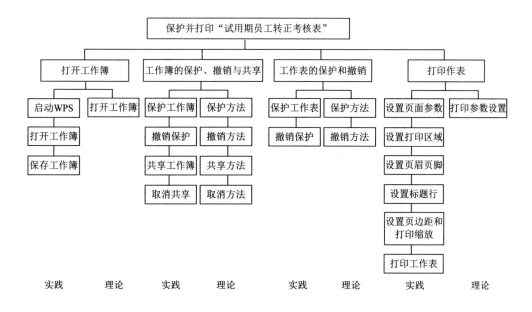

## 自测习题

## 一、选择题

　　1. 在 WPS 表格中，可以防止他人修改工作簿结构的是（　　　）。
　　　　A. 保护工作簿　　　　　　　　B. 隐藏工作簿
　　　　C. 锁定工作簿　　　　　　　　D. 加密工作簿

2. 在 WPS 表格中，可以撤销对工作簿保护的是（　　）。

 A. 取消工作簿保护       B. 重新设置密码

 C. 删除工作簿密码       D. 更改工作簿名称

3. 在 WPS 表格中，可以防止他人修改特定工作表的是（　　）。

 A. 保护工作表         B. 隐藏工作表

 C. 锁定工作表         D. 删除工作表

4. 在 WPS 表格中，可以撤销对工作表保护的是（　　）。

 A. 取消工作表保护       B. 重新设置密码

 C. 删除工作表密码       D. 更改工作表名称

5. 在 WPS 表格中，可以设置工作簿共享权限的是（　　）。

 A. 文件属性    B. 文件信息    C. 共享工作簿    D. 工作簿选项

6. 在 WPS 表格中，定义打印区域的操作方法是（　　）。

 A. 选择需要打印的数据区域，然后单击"开始"选项卡，单击"打印区域"下拉按钮，再选择"设置打印区域"选项

 B. 选择需要打印的数据区域，然后打开"文件"菜单，选择"打印"命令，再选择"设置打印区域"选项

 C. 选择需要打印的数据区域，然后单击"视图"选项卡，单击"打印区域"下拉按钮，再选择"设置打印区域"

 D. 选择需要打印的数据区域，然后单击"页面"选项卡，单击"打印区域"下拉按钮，再选择"设置打印区域"选项

7. 在 WPS 表格中，调整打印缩放比例的操作方法是（　　）。

 A. 打开"文件"菜单，选择"打印"命令，然后在"缩放"下拉列表中选择合适的比例

 B. 单击"视图"选项卡，单击"缩放"按钮

 C. 单击"开始"选项卡，单击"缩放"按钮

 D. 单击"页面"选项卡，单击"打开缩放"下拉按钮

8. 在 WPS 表格中，设置打印纸张大小的操作方法是（　　）。

 A. 打开"文件"菜单，选择"打印"命令，然后在"纸张大小"下拉列表中选择合适的纸张大小

 B. 单击"视图"选项卡，单击"纸张大小"按钮

 C. 单击"开始"选项卡，单击"纸张大小"按钮

 D. 单击"页面"选项卡，单击"纸张大小"下拉按钮

9. 在 WPS 表格中，设置打印方向的操作方法是（　　）。

 A. 打开"文件"菜单，选择"打印"命令，然后在"方向"下拉列表中选择横向或纵向

 B. 单击"视图"选项卡，单击"方向"按钮

 C. 单击"开始"选项卡，单击"方向"按钮

 D. 单击"页面"选项卡，单击"纸张方向"下拉按钮

10. 在 WPS 表格中，设置打印份数的操作方法是（　　）。

    A. 打开"文件"菜单，选择"打印"命令，然后在"份数"文本框中输入打印的份数

    B. 单击"视图"选项卡，单击"份数"按钮

    C. 单击"开始"选项卡，单击"份数"按钮

    D. 单击"插入"选项卡，单击"份数"按钮

**二、简答题**

1. 保护工作簿、工作表的作用是什么？

2. 如何设置打印参数？

3. 工作表可以只打印某一区域吗？如何设置？

# 项目四

## 演示文稿制作

在信息技术日新月异的今天，演示文稿已成为沟通与交流不可或缺的利器。本项目将引领大家深入探索演示文稿制作的奥秘，从基础设计原则到高级动画效果，全方位提升演示能力。我们将学习如何运用 WPS 演示，将枯燥的数据转化为生动的故事，用视觉艺术讲述思想，用创意布局吸引眼球；掌握色彩搭配、布局规划、图表设计等关键技巧，让演示文稿既专业又富有感染力；无论是学术报告、产品发布还是日常教学，都能游刃有余，精准传达信息，激发听众共鸣。开启这段旅程，让我们一起成为演示文稿制作的行家里手！

## 任务一 创建"工作总结"演示文稿

### 任务概述

小王同学大学毕业后入职一家公司工作。转眼到年底了，公司要求员工结合自己的工作情况写一份工作总结，并且在年终总结会议上进行演示。为了直观地讲述自己的工作内容，已经使用 WPS Office 一段时间的小王同学确定演示文稿将是他的首选，因此他利用 WPS 的演示文稿功能来制作一个简单直观的"工作总结"演示文稿。

### 任务目标

**知识目标**
1. 熟悉 WPS 演示文稿操作界面。
2. 掌握 WPS 演示文稿创建、编辑、保存、关闭等基本操作。
3. 掌握幻灯片新建、移动、复制、删除等基本操作。

**技能目标**
1. 熟练掌握 WPS 演示文稿创建、编辑、保存、关闭等基本操作。
2. 熟练掌握幻灯片新建、移动、复制、删除等基本操作。

**素养目标**
培养学生对演示文稿设计编辑的能力，具备基础信息技术素养以及数字化创新素养。

### 实践训练

在本任务中，要创建的"工作总结"演示文稿最后的效果参考图 4-1-1。要实现这一效果，需要创建演示文稿、新建幻灯片，并输入文本内容。

图 4-1-1　创建的"工作总结"演示文稿最终效果

## 一、新建并保存演示文稿

步骤 1：打开"开始"菜单，选择"WPS Office"→"WPS Office"选项，启动 WPS Office。

步骤 2：单击界面左侧工具栏中"新建"按钮，如图 4-1-2 所示，在右侧主界面中选择"演示"选项。

图 4-1-2　演示文稿新建界面

步骤 3：WPS 提供了丰富的演示文稿模板，可以根据制作内容与需求进行选择，在本次任务中选择新建空白演示文稿。

步骤 4：如图 4-1-3 所示，单击操作界面快速访问工具栏中的"保存"按钮，或打开"文件"菜单，选择"保存"命令，可以保存当前演示文稿。

图 4-1-3　保存演示文稿

第一次保存演示文稿时会打开"另存为"对话框，如图 4-1-4 所示。在对话框上方显示演示文稿保存位置，用户可以通过单击自主选择文件夹；接下来在"文件名称"文本框中输入此次任务的演示文稿名称"工作总结"；在"文件类型"下拉列表中选择要保存的文件类型，WPS 演示文稿的默认文件类型为"Microsoft PowerPoint 文件(*.pptx)"，然后单击"保存"按钮。

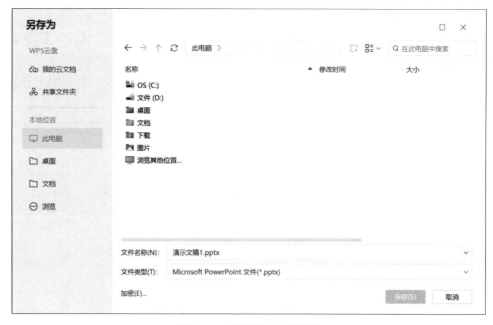

图 4-1-4　"另存为"对话框

### 二、新建幻灯片并输入文本

创建"工作总结"演示文稿后，接下来需要在演示文稿中新建多张幻灯片并输入文本内容，最后完成演示文稿的整体框架。

步骤 1：在界面左侧幻灯片浏览窗格中，单击下方"+"按钮，选择"从版式新建"

命令，可以按照需要选择要新建的幻灯片版式，如图 4-1-5 所示。选择第一个"标题幻灯片"版式，单击后即可创建新幻灯片。

图 4-1-5　选择幻灯片版式

步骤 2：单击左侧浏览窗格中第一张幻灯片，打开第一张幻灯片。然后单击带有"空白演示"字样的标题占位符，输入演示文稿主标题"工作总结"。同样单击"单击此处输入副标题"字样的副标题占位符，输入此次汇报人与时间，如图 4-1-6 所示。

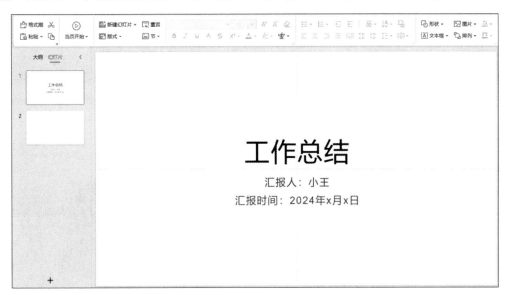

图 4-1-6　输入第一张幻灯片内容

步骤 3：按照同样方法，选择第二张幻灯片，然后单击页面中的标题占位符后输入

"01 工作概况"，如图 4-1-7 所示。

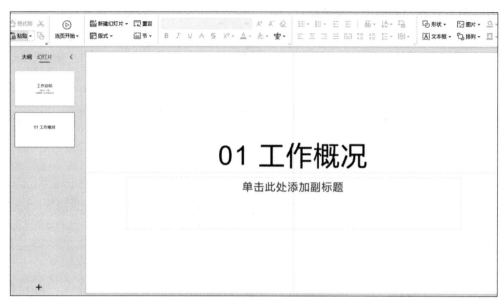

图 4-1-7　输入第二张幻灯片内容

### 三、复制并移动幻灯片

在制作演示文稿的过程中，如果存在多张相同样式的幻灯片，可以通过复制和粘贴等操作来提高制作演示文稿的效率。

步骤 1：单击幻灯片浏览窗格中的第二张幻灯片，然后右击，即可弹出操作快捷菜单，选择"复制幻灯片"命令，如图 4-1-8 所示。

图 4-1-8　复制幻灯片

步骤 2：在幻灯片浏览窗格下方空白处右击，在弹出的快捷菜单中选择"粘贴"命令，完成幻灯片的复制。对新幻灯片中的文本内容进行修改，利用这种方法，可以将此任务中"工作总结"的四部分标题幻灯片全部制作出来。

步骤 3：制作标题幻灯片完成后，可以对每个小节完善具体内容。仍然单击"+"按钮，然后选择"标题和内容"版式，并在文本占位符中输入文字内容，如图 4-1-9 所示。

图 4-1-9 新建"标题和内容"版式的幻灯片

步骤 4：观察幻灯片浏览窗格可以看到，每一次新建的幻灯片都位于所有幻灯片中的最后一个，需要根据演示内容移动幻灯片到合适的位置。选中要移动的幻灯片，右击，选择"剪切"命令。然后在幻灯片浏览窗格中，选择该幻灯片应该存在的位置，单击后可以看见在幻灯片缩略图中显示的一条橘色横线，代表目前锁定的插入定位，右击，选择"粘贴"命令，即可将幻灯片移动到所需位置，如图 4-1-10 所示。

按照上述方法可以将"工作总结"演示文稿中的剩余幻灯片全部制作完成，最终的完成效果参考图 4-1-1。

图 4-1-10 移动幻灯片

## ⚡ 相关知识

### 一、熟悉 WPS 演示文稿编辑界面

WPS 演示界面由标题栏、功能选项卡、"文件"菜单、快速访问工具栏、幻灯片编辑区等组成，界面如图 4-1-11 所示。WPS 演示文稿的操作界面中，快速访问工具栏、功能区等选项卡与前面学习的 WPS 文字及 WPS 表格的界面相似，在这里不再赘述。不同的是，演示文稿的主界面还有两个主要部分。

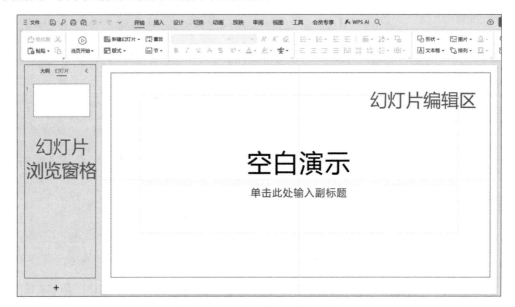

图 4-1-11　WPS 演示的操作界面

- 幻灯片浏览窗格：位于幻灯片编辑区域的左侧，显示了当前演示文稿中全部幻灯片的缩略图，单击某张缩略图即可在右侧区域显示对应幻灯片的详细内容。
- 幻灯片编辑区：在幻灯片编辑区中可以显示幻灯片详细内容，并对幻灯片进行编辑。

### 二、演示文稿的新建、保存、打开与关闭

演示文稿的基本操作包括新建、保存、打开与关闭等操作。

1. 新建演示文稿

- 双击桌面上的"WPS Office"图标，进入 WPS "首页"窗口，单击左侧导航栏的"新建"按钮，也可以直接使用"Ctrl+N"组合键，打开"新建"窗口。然后选择"演示"选项，选择"空白演示文稿"选项，即可启动 WPS 演示功能并新建一个演示文稿。
- 演示文稿模板：WPS 为使用者提供了很多已经制作好的精美模板，用户可以根

据演示需要选择相应主题风格的模板，快速新建演示文稿。

2. 打开演示文稿

打开演示文稿主要有三种方法。

- 打开保存 WPS 演示文稿的文件夹位置，双击该演示文稿的文件图标。
- 打开 WPS 演示工具，选择"文件"菜单→"打开"命令，或按"Ctrl+O"组合键，打开"打开文件"对话框，在其中选择演示文稿的保存路径，然后选择所需演示文稿，单击"打开"按钮。同时，也可以在启动 WPS Office 时，在 WPS "首页"的"最近"选项中，选择想要打开的演示文稿双击打开。
- 在计算机窗口中，选择需要打开的文档，按住鼠标左键不放，将其拖动到 WPS 文字编辑界面的标题栏后释放鼠标。

3. 保存演示文稿

- 保存文件可以选择"文件"菜单中的"保存"命令，或单击操作界面快速访问工具栏中的"保存"按钮，或者使用"Ctrl+S"组合键。
- 制作好的演示文稿要及时保存，确保文件不会因为意外情况丢失。初次保存的演示文稿，WPS 会弹出"另存为"对话框，要求用户对文件名称与位置等信息进行确认。

文件名称：输入需要保存文件的文件名。

文件类型：默认为"*.pptx"，单击右侧下拉按钮，可以选择其他文件类型，如"*.dps" "*.ppt"等。

位置：单击右侧下拉按钮，在弹出的下拉列表中选择文档的保存位置。

新建文件夹：当需要将当前文件保存到一个新文件夹时，单击该按钮即可新建一个文件夹。

保存与取消：单击"保存"按钮，文件保存成功；单击"取消"按钮，取消保存。

4. 关闭演示文稿

- 单击 WPS 演示编辑界面右上角的"关闭"按钮，关闭演示文稿并退出 WPS Office。
- 按"Alt+F4"组合键关闭演示文稿并退出 WPS Office。
- 在显示演示文稿名称的选项卡中单击"关闭"按钮，可关闭该演示文稿但不退出 WPS Office。
- 选择"文件"菜单→"退出"选项，可关闭演示文稿但不退出 WPS Office。
- 按"Ctrl+W"组合键关闭演示文稿但不退出 WPS Office。

## 三、幻灯片的创建、复制、移动与删除

新建演示文稿后，幻灯片是演示文稿的主要组成部分，因此需要创建并编辑幻灯片，具体操作如下。

## 1. 新建幻灯片

新建幻灯片有如下三种方法。

- 选中某张幻灯片，然后按"Enter"键，即可在对应幻灯片后新建一张空白幻灯片，默认版式为"标题和内容"。
- 单击幻灯片浏览窗格下方"+"按钮，新建幻灯片，随后可以在新建幻灯片窗口中选择想要的版式。
- 在选项卡功能区，单击"开始"选项卡中的"新建幻灯片"下拉按钮，在打开的下拉列表中选择"新建幻灯片"命令，同样可以打开新建幻灯片窗口，然后选择不同版式新建幻灯片。

## 2. 选择幻灯片版式

除了在新建幻灯片时可以选择不同版式外，同样可以在编辑幻灯片过程中更改幻灯片的版式。选中幻灯片后右击，然后可以在打开的快捷菜单中选择相应命令，然后选择想要修改的版式。

## 3. 选择幻灯片

- 选择单张幻灯片。在幻灯片浏览窗格中单击幻灯片缩略图其中的一张将选择该张幻灯片。
- 选择多张幻灯片。在幻灯片浏览窗格中按住"Shift"键并单击其他幻灯片缩略图将选择多张连续的幻灯片，按住"Ctrl"键并单击幻灯片缩略图将选择多张不连续的幻灯片。
- 选择全部幻灯片。在幻灯片浏览窗格中按"Ctrl+A"组合键将选择全部幻灯片。

## 4. 移动和复制幻灯片

- 通过拖曳鼠标操作。在幻灯片浏览窗格中选择某一张幻灯片缩略图，在其上按住鼠标左键并将其拖曳到目标位置后释放鼠标左键，可完成移动幻灯片的操作。
- 通过右键菜单操作。在幻灯片浏览窗格中选择某一张幻灯片缩略图，在其上右击，在弹出的快捷菜单中选择"剪切"或"复制"命令，在幻灯片浏览窗格中定位至目标位置，右击，在弹出的快捷菜单中选择"粘贴"命令，可完成幻灯片的移动或复制操作。
- 通过快捷键操作。在幻灯片浏览窗格中选择某一张幻灯片缩略图，按"Ctrl+X"组合键进行剪切或按"Ctrl+C"组合键进行复制，在幻灯片浏览窗格中定位至目标位置，按"Ctrl+V"组合键进行粘贴，完成幻灯片的移动或复制操作。

## 5. 删除幻灯片

- 在幻灯片浏览窗格中选择要删除的幻灯片缩略图，并按"Delete"键或"Backspace"键。

- 在幻灯片浏览窗格中选择某张要删除的幻灯片缩略图,右击,在弹出的快捷菜单中选择"删除幻灯片"命令。

## 四、演示文稿视图

### 1. 视图类型

WPS 演示提供了普通视图、幻灯片浏览视图、备注页视图和阅读视图四类视图模式,在功能区"视图"选项栏中,可以选择不同的视图适用。不同视图的适用场景不同,具体介绍如下。

- 普通视图:普通视图是 WPS 演示打开时默认的视图模式。用户在其中可以对幻灯片的总体结构进行调整,也可以对单张幻灯片进行编辑,普通视图是编辑幻灯片常用的视图模式之一。
- 幻灯片浏览视图:在该视图中可以浏览演示文稿中所有幻灯片的整体效果,且可以对幻灯片结构进行调整,如调整演示文稿的背景、移动或复制幻灯片等,但是不能编辑单独幻灯片中的内容。
- 备注页视图:该视图会将"备注"窗格中的内容同时显示在界面中,以便用户更好地编辑各种幻灯片的备注内容。在演示文稿放映时方便为使用者提供题词备注。
- 阅读视图:进入阅读视图后,可以在无须切换到全屏的状态下放映演示文稿中的内容,并通过鼠标滚轮控制放映进程,按"Esc"键可退出该视图模式。

### 2. 网格与参考线

同样在"视图"选项栏中,可以打开网格与参考线,这是为演示文稿制作者提供的幻灯片编辑基准线,方便确认幻灯片中各个对象的布局位置。

**关联图谱**

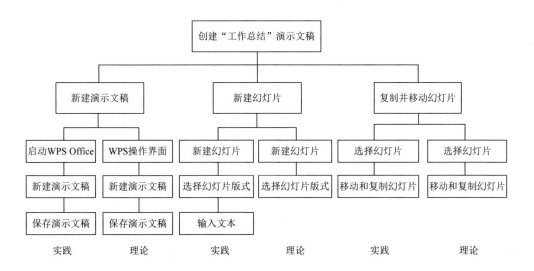

## 自 测 习 题

### 一、选择题

1. 在 WPS 演示文稿中，要保存当前文件，应执行（　　）。

   A. 文件→另存为　　B. 文件→保存　　C. 编辑→保存　　　　D. 格式→保存

2. WPS 演示文稿默认的保存格式是（　　）。

   A. .doc　　　　　　　B. .xls　　　　　　　C. .pptx　　　　　　　　D. .pdf

3. 若要将 WPS 演示文稿保存为 PDF 格式，应（　　）。

   A. 直接单击"保存"按钮

   B. 使用"文件"菜单下的"导出为 PDF"命令

   C. 右击幻灯片，选择"保存为 PDF"命令

   D. 无法直接保存为 PDF

4. 在 WPS 演示中，设置自动保存功能的方法是（　　）。

   A. 在"文件"菜单下找到"选项"，然后在"保存"选项卡中设置

   B. 在"编辑"菜单下找到"自动保存"

   C. 在"格式"菜单下设置

   D. 无法设置自动保存

5. 下列可以用来快速保存 WPS 演示文稿的组合键是（　　）。

   A."Ctrl+N"　　　　B."Ctrl+O"　　　C."Ctrl+S"　　　　　D. "Ctrl+P"

6. WPS 演示文稿保存时，（　　）添加密码保护。

   A. 可以　　　　　　　　　　　　B. 不可以

   C. 仅在新建时可以　　　　　　　D. 仅在修改时可以

7. 若要将 WPS 演示文稿保存为较低版本的 PPT 格式（如.ppt），应（　　）。

   A. 直接单击"保存"按钮

   B. 使用"文件"菜单下的"另存为"命令，然后选择.ppt 格式

   C. 无法保存为较低版本

   D. 需要使用第三方软件转换

8. 在 WPS 演示文稿中，如果要保存当前幻灯片为图片，应（　　）。

   A. 直接右击幻灯片，选择"保存为图片"命令

   B. 使用"文件"菜单下的"导出"命令，然后选择图片格式

   C. 无法直接保存为图片

   D. 需要使用截图工具

9. WPS 演示文稿保存后，如果再次打开发现内容丢失，可能的原因不包括（　　）。

   A. 文件保存时未选择正确的位置　　B. 文件被其他软件占用或损坏

   C. 使用了不兼容的 WPS 版本　　　　D. 文件名包含特殊字符

10. 在 WPS 演示文稿中，如果要保存所有幻灯片为单独的图片文件，应（　　）。

A. 逐一复制每张幻灯片，然后粘贴到图片编辑软件中保存

B. 使用"文件"菜单下的"另存为"命令，选择"每张幻灯片保存为单独文件"选项

C. 无法实现此操作

D. 需要使用第三方插件

## 二、实操练习

新建一个演示文稿，并命名为"故宫一日游.pptx"后保存。

新建每张幻灯片，大纲如下。

| | | |
|---|---|---|
| 封面页<br>标题：故宫一日游<br>副标题（可选）：穿越千年，探秘紫禁城<br>制作人/日期 | 第5页：珍宝馆探秘<br>珍宝馆的位置与特色<br>展出的部分珍贵文物介绍（如瓷器、玉器、书画）<br>文物背后的历史故事 | 第10页：结语与感谢<br>总结故宫一日游的体验与收获<br>对故宫文化的赞美与传承展望<br>感谢听众的聆听与参与 |
| 第1页：引言<br>简短介绍故宫的历史背景<br>故宫的别称（紫禁城）及其由来 | 第6页：钟表馆时光之旅<br>钟表馆的特别之处<br>展示的中西合璧钟表精品 | |
| 第2页：故宫概览<br>故宫的地理位置与规模<br>故宫的建筑布局（中轴线、外朝、内廷）<br>故宫在历史上的重要地位 | 第7页：御花园漫步<br>御花园的景观特色<br>古树名木与奇石异卉<br>皇家园林的休闲与娱乐功能<br><br>第8页：故宫文创体验<br>介绍故宫文创产品 | |
| 第3页：午门与太和殿<br>午门的结构与功能<br>步入太和殿的仪式感<br>太和殿的建筑特色与历史故事 | 文创产品背后的文化元素<br>与现代设计融合<br>推荐购买的文化纪念品<br><br>第9页：小贴士与注意事项<br>参观故宫的最佳时间与路 | |
| 第4页：中轴线探索<br>沿中轴线游览的主要宫殿（中和殿、保和殿、乾清宫、交泰殿、坤宁宫）<br>每座宫殿的简要介绍与特色 | 线建议<br>购票方式与门票价格<br>游览时的安全须知与环保提醒 | |

# 任务二　设计"工作总结"演示文稿

## ⚡ 任务概述

使用默认版式创建的幻灯片显得演示文稿单调乏味，不美观。因此，完成演示文稿内容大纲的制作后，小王同学决定通过设置演示文稿背景、主题，设计丰富美观的母版样式，进一步美化"工作总结"演示文稿。

## ⚡ 任务目标

### 📖 知识目标

1. 理解幻灯片母版的概念，掌握母版的设计与应用方法。
2. 掌握演示文稿背景、主题的应用方法。

### 📖 技能目标

1. 熟练掌握演示文稿母版设计与应用方法。
2. 熟练掌握放映演示文稿的基本方法。

### 📖 素养目标

1. 培养学生审美素养，提升演示文稿风格设计能力。
2. 培养学生基本的演示文稿操作能力，具备基础信息技术素养。

## ⚡ 实践训练

在本任务中，将对任务一中创建的"工作总结"演示文稿进行美化，最后的效果如图 4-2-1 所示。要实现这一效果，需要设计并应用幻灯片母版。

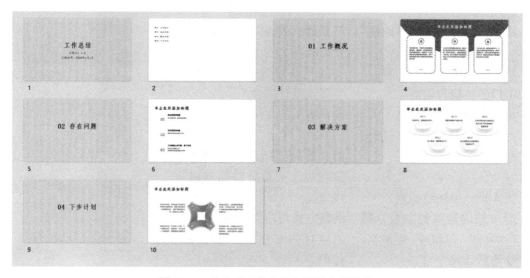

图 4-2-1　美化"工作总结"演示文稿效果

## 一、设计幻灯片母版

步骤 1：打开"工作总结.pptx"文件，单击"设计"选项卡中的"母版"按钮，进入母版编辑模式，如图 4-2-2 所示。

图 4-2-2　打开母版编辑模式

步骤 2：在母版编辑模式中，单击幻灯片浏览窗格最上方的母版式，选中"单击此处编辑母版标题样式"标题内容后，功能区会自动打开文本工具，可以修改标题字体与大小。标题内容设置为"仿宋 36 号"，用同样的方法将文本内容设置为"楷体 18 号"，如图 4-2-3 所示。

图 4-2-3　设置母版文本字体格式

步骤 3：单击第二张"标题幻灯片"子版式缩略图，右击，选择"设置背景格式"选项，打开幻灯片背景设置属性面板。在背景填充中，选中"图案填充"单选按钮，在下方下拉列表中选择"25%"覆盖的图案，修改该版式的背景填充图案，如图 4-2-4 所示。

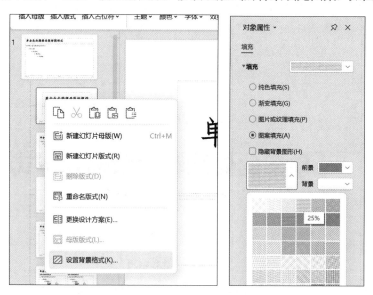

图 4-2-4　修改子版式背景

步骤 4：按"Ctrl+S"组合键保存当前文稿修改，然后单击"关闭"按钮，退出母版编辑模式，可以看到所有应用了"标题幻灯片"版式的幻灯片都相应更改了字体格式与幻灯片背景，如图 4-2-5 所示。

图 4-2-5　修改后效果图

## 二、幻灯片美化

选择幻灯片 4，然后单击"设计"选项卡中的"单页美化"按钮，在幻灯片编辑区下方会显示 WPS 演示文稿根据文本内容推荐的美化效果，可以自由选择想要的幻灯片设计样式，然后单击"使用"按钮，如图 4-2-6 所示。

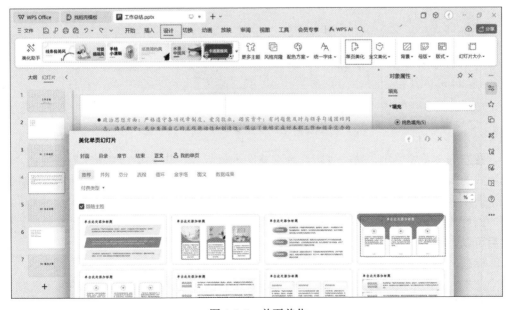

图 4-2-6　单页美化

用相同的方法，可以对演示文稿中其他内容幻灯片进行美化。最终效果图参考图 4-2-1。

## ⚡ 相关知识

在前面的任务中制作出来的"工作总结"演示文稿只是内容的基本框架，无法体现演示文稿美观简单的优势，为了进一步美化"工作总结"演示文稿，需要进一步根据个性需求设计幻灯片母版并应用。

### 一、幻灯片母版

#### 1. 母版编辑界面

打开"设计"选项卡，单击"母版"按钮，即可进入幻灯片母版编辑视图。在幻灯片母版视图中，左侧为幻灯片版式选择窗格，右侧为幻灯片母版编辑窗格，如图 4-2-7 所示，选择相应的幻灯片版式后，便可在右侧对其标题和文本的格式进行设置。

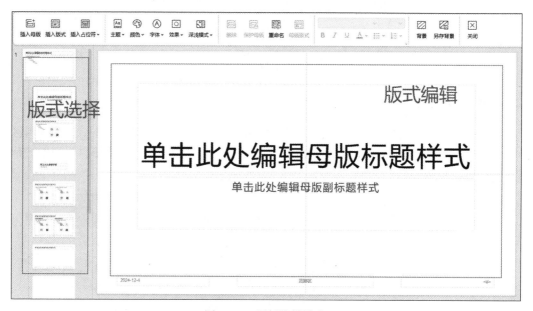

图 4-2-7　母版编辑模式

在左侧浏览窗格中，第一张幻灯片缩略图为母版式，其下方的缩略图为子版式，对母版式的所有样式修改，都会同步到下方所有子版式中。对单独子版式进行修改和编辑，无法同步到母版式中。

幻灯片母版有五个占位符：标题区、文本区、日期区、页脚区、幻灯片编号区，修改后可以影响所有基于该母版的幻灯片。

标题区：用于设置幻灯片标题的字体格式。

文本区：用于所有幻灯片主题文本的格式设置，可以改变文本的字体效果以及项目符号和编号等。

日期区：用于页眉/页脚上日期的设置。

页脚区：用于页眉/页脚上说明性文字的添加和格式设置。

幻灯片编号区：用于页眉/页脚上自动页面编号的添加和格式设置。

编辑幻灯片母版和编辑幻灯片的方法类似，在选择幻灯片版式后便可对母版中的文本样本进行设置，也可以给每张幻灯片都添加对象，如将图片、声音、文本等全部添加到母版中，完成后打开"幻灯片母版"选项卡，单击"关闭母版视图"按钮，退出母版。

### 2. 编辑母版

- 插入版式：对当前母版，可以创建新的子版式，由用户自定义幻灯片版式布局。要添加不同种类占位符，可以复制母版式中的相应内容，粘贴到子版式幻灯片中。
- 设置主题：如图 4-2-8 所示，单击功能区中"主题"下拉按钮，可以选择 WPS 演示中预先设置好的文本格式与颜色组合，更加方便用户进行风格修改，减少专业需求。
- 设置字体：如图 4-2-9 所示，单击功能区中"字体"下拉按钮，可以选择 WPS 演示中预先设置好的各级文本格式。

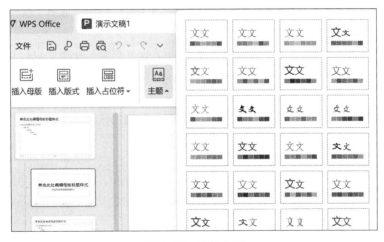

图 4-2-8　选择主题

图 4-2-9　设置字体格式

- 设置颜色：如图 4-2-10 所示，单击功能区中"颜色"下拉按钮，可以更改当前主题的全部颜色组合。也可以根据个人需求，进行自定义颜色设置，自主设置各级文字、超链接等颜色。

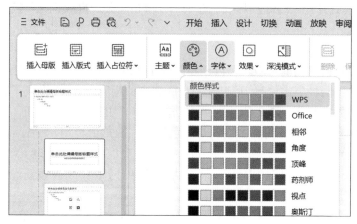

图 4-2-10　设置颜色

- 设置背景：如图 4-2-11 所示，单击功能区中"背景"按钮，可以打开背景对象属性面板，在该面板中可以修改幻灯片各版式的背景填充颜色或图案。

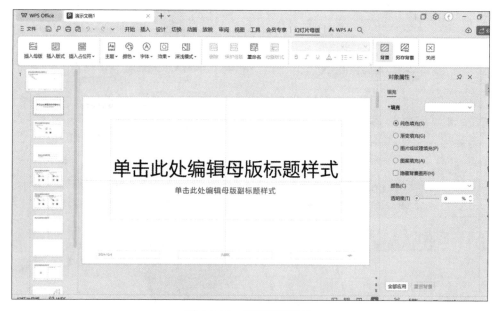

图 4-2-11　设置母版背景

### 3. 保存母版

- 保护母版：如图 4-2-12 所示，当前演示文稿母版风格已经设计完成，为了避免其他使用者误操作改动母版样式，可以单击功能区中的"保护母版"按钮，从而保护所选的幻灯片母版，使其在未应用的情况下也能保留在演示文稿中。

图 4-2-12　保护母版

● 重命名：当同一演示文稿中设计了多个母版时，幻灯片可以使用不同母版版式。为了便于区分，WPS 演示为用户提供了母版重命名的功能。如图 4-2-13 所示，单击功能区中"重命名"按钮，即可自定义该母版的名称。回到幻灯片普通视图后，当鼠标指针悬停在某一幻灯片上时，会自动显示该幻灯片当前应用的母版及对应版式。

图 4-2-13　母版重命名

## 二、智能美化

除了人为修改演示文稿母版自定义风格样式外，WPS 演示文稿还提供了一些 AI 设计功能辅助完成演示文稿美化操作。

### 1. 单页美化

一份完善的 PPT，除了言简意赅、通俗易懂的文本内容外，还需要精美的配图和表格，使 PPT 更加易懂美观。WPS 演示推出"单页美化"功能，可以通过 AI 智能技术，智能识别幻灯片的页面类型和内容，推荐匹配的模板,高效地完成 PPT 不同页面的美化。

让用户只需专注于内容的创作，而不必费心于选模板、调格式、美化页面等烦琐操作。

2. 全文美化

单击"设计"选项卡下的"全文美化"按钮，在弹出的"全文美化"对话框内可以对内容进行全文换肤，智能配色，整齐布局，统一字体的设置，如图 4-2-14 所示。

图 4-2-14　全文美化

- 全文换肤：顾名思义对全部幻灯片进行统一外观的美化，可以将"风格"设置为"简约"，将"颜色"设置为"蓝色"，接着将鼠标指针移动至其中一个模板后选择"预览换肤效果"，此时换肤效果就会呈现在右侧的窗格内，将鼠标指针悬停在预览效果左下角处可查看对比效果，之后选择需要应用的页面单击"应用美化"按钮即可。全文换肤还会自动生成与所选皮肤相同风格的全套插页，只需选中需要的页面即可一键应用。
- 智能配色：幻灯片的色彩搭配是制作幻灯片时重要的一个环节。WPS 演示"智能美化"可以帮助我们完成智能配色。只需要轻轻一点就可以应用更加科学、专业的配色方案，如我们希望在此案例中使用简约的配色方案，单击"风格"，选择"简约"即可。也可以根据色系或色彩进行筛选，确保此配色专业美观且统一。
- 整齐布局：通过四种常见的布局方式可将没有排版过的文字或图文内容变得规整，既可以批量调整也可以针对某章节，或单页设置不同的布局方式，如我们仅选中第三页，然后选择"上下版"，仅第三页的布局被更改为"上下版"，其余幻灯片保持不变。
- 统一字体：字体是演示文稿中保持风格统一的重要元素，在"智能美化"功能中已提供多种不同风格的字体，只需选择后一键应用即可实现字体统一。若字体模板中没有喜欢的字体，可单击"自定义字体"按钮对标题和正文进行字体设置，如此处先设置标题，单击"自定义字体"按钮，选择"黑体"，接着选择正文，选择"宋体"，单击"确认"按钮即可自动应用。

**关联图谱**

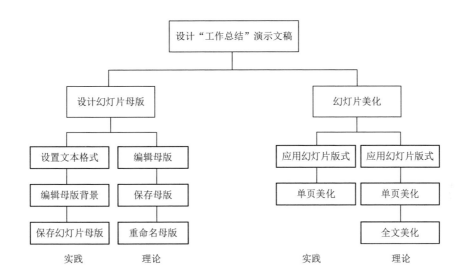

**自 测 习 题**

## 一、选择题

1. 在 WPS 演示文稿中，母版设计主要影响的是（　　）。
   A. 当前幻灯片　　　　　　　　　　B. 所有幻灯片
   C. 选中的幻灯片　　　　　　　　　D. 仅标题幻灯片

2. 要进入 WPS 演示文稿的母版视图，应执行（　　）命令。
   A."视图"→"母版视图"　　　　　B."插入"→"母版"
   C."格式"→"母版"　　　　　　　D."视图"→"幻灯片母版"

3. 在母版视图中，可以修改的是（　　）。
   A. 幻灯片的背景　　　　　　　　　B. 幻灯片的标题样式
   C. 幻灯片的布局　　　　　　　　　D. 以上都可以

4. WPS 演示文稿提供了（　　）类型的母版。
   A. 1 种　　　　　B. 2 种　　　　　C. 3 种　　　　　D. 4 种及以上

5. 要更改幻灯片母版中的字体样式，应在（　　）选项卡下操作。
   A."开始"　　　　B."插入"　　　　C."设计"　　　　D."格式"

6. 在 WPS 演示文稿中，自定义母版到所有幻灯片的方法是（　　）。
   A. 无须操作，自定义母版会自动应用到所有幻灯片

  B. 在母版视图中，单击"应用"按钮

  C. 在母版视图中，单击"关闭母版视图"按钮

  D. 需要手动将自定义母版复制到每张幻灯片中

7. 下列（  ）不是WPS演示文稿母版设计中可以修改的内容。

  A. 幻灯片背景颜色      B. 幻灯片中的动画效果

  C. 幻灯片标题和内容的占位符样式  D. 幻灯片的页脚内容

8. 在WPS演示文稿中，快速复制一个已有母版样式的方法是（  ）。

  A. 右击母版，选择"复制"命令

  B. 使用"Ctrl+C"和"Ctrl+V"组合键

  C. 在母版视图中，选择"插入母版"命令并基于现有母版创建

  D. 无法直接复制母版样式

9. 要在WPS演示文稿的母版中添加公司logo，应（  ）。

  A. 直接在普通视图中插入logo图片

  B. 在母版视图中，选择"插入"选项卡中的"图片"命令

  C. 使用"设计"选项卡下的"水印"功能

  D. 无法在母版中添加logo

10. WPS演示文稿的母版设计（  ）自定义主题颜色和字体。

  A. 支持         B. 不支持

  C. 仅支持自定义主题颜色    D. 仅支持自定义字体

**二、实操练习**

  为任务一中实操练习"故宫一日游.pptx"设置统一风格母版。

# 任务三  丰富"新能源汽车知识介绍"演示文稿

## 任务概述

  图文并茂是演示文稿的特点与优势，制作精美出色的演示文稿需要将单调的文字信息，用生动形象的图形、动画等形式呈现。因此设计演示文稿的呈现形式还需要我们具备一些数字化创新素养与审美素养。小刘是一个刚到学校工作的专业课老师，作为一名新教师，她认为课堂上知识讲解不应该只是枯燥乏味的知识点呈现，因此她选择使用演示文稿的形式进行课堂呈现，这样更能激发学生学习的兴趣。这一次她将准备一份内容丰富的"新能源入门"演示文稿，应用到接下来的课堂中，为同学们生动形象地展示新能源汽车的相关内容。

## 任务目标

### 知识目标

1. 掌握幻灯片中各类对象的添加、属性设置等操作。

2. 理解幻灯片的设计及布局原则。

📖 **技能目标**

熟练掌握幻灯片中各类对象的添加与属性设置方法。

📖 **素养目标**

培养学生对演示文稿设计编辑的能力，具备基础信息技术素养。

丰富"新能源汽车知识介绍"演示文稿

**实践训练**

在本任务中将学习丰富演示文稿内容的方法，通过插入各类幻灯片对象展现演示文稿图文并茂、生动形象的优势。"新能源汽车知识介绍"演示文稿的最终效果如图 4-3-1 所示。

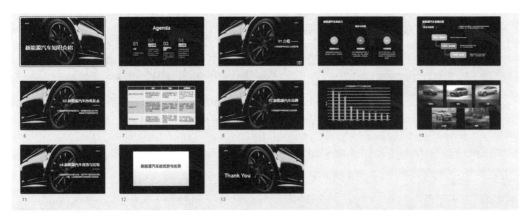

图 4-3-1　"新能源汽车知识介绍"演示文稿的最终效果

## 一、设计封面及目录

步骤 1：打开"新能源汽车知识介绍.pptx"演示文稿，选中第一张幻灯片，然后右击选择该演示文稿中预先设计好的"title 版式"，在幻灯片编辑区域，单击标题占位符，添加演示文稿标题"新能源汽车知识介绍"，如图 4-3-2 所示。

图 4-3-2　设计封面

步骤 2：在左侧幻灯片浏览窗格中选中第一张幻灯片，按"Enter"键新建一张幻灯片，选中该幻灯片并右击更改版式为"Blank"，如图 4-3-3 所示。

图 4-3-3　新建空白幻灯片

步骤 3：单击"插入"选项卡中的"文本框"下拉按钮，选择横向文本框，并选择"正文"类文本框，如图 4-3-4 所示。

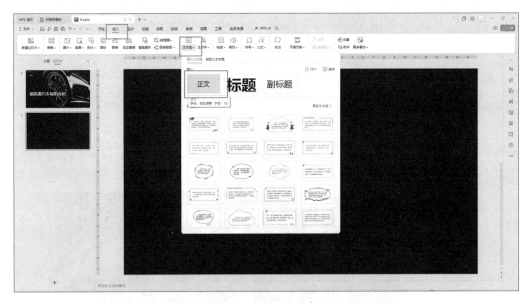

图 4-3-4　插入文本框

步骤 4：在当前幻灯片中会出现横向正文文本框，输入"Agenda"作为目录页标题。选中全部文本内容，在界面上方会自动打开"文本工具"选项卡功能区。在功能区中选择将字体设置为"微软雅黑，54 号，加粗"，单击任意位置后退出文本选择状态即可。再次单击文本，可以将文本框拖曳至幻灯片中央上方位置，如图 4-3-5 所示。

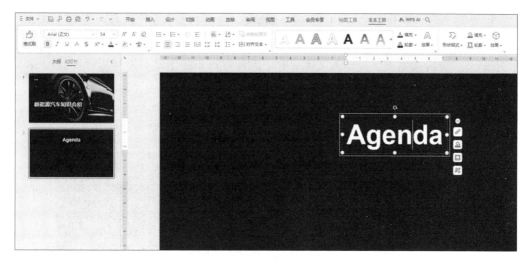

图 4-3-5　设置文本字体属性

使用相同的方法，在该幻灯片中添加三个文本框，文本内容及字体格式如下。

- 文本 1：文本内容"01"，"微软雅黑，54 号，加粗，蓝色"；
- 文本 2：文本内容"介绍"，"微软雅黑，18 号，加粗，白色"；
- 文本 3：文本内容"介绍新能源汽车的定义与发展历程"，"微软雅黑，12 号，白色"。

步骤 5：按住"Ctrl"键，并分别单击三个文本框，保持文本框全选状态。然后单击"开始"选项卡中的"排列"下拉按钮，并在下拉菜单中选择"组合"命令，即可将选中的文本框组合成整体，如图 4-3-6 所示。

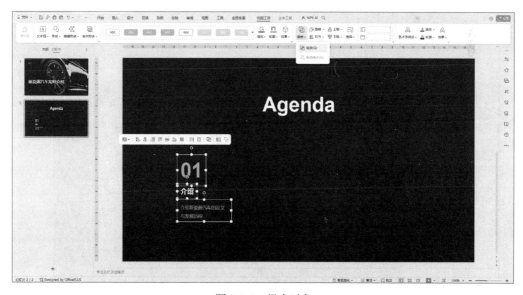

图 4-3-6　组合对象

利用相同操作方法，可以继续完成该幻灯片中的其他三个标题及对应文本内容设置。完成效果参考图 4-3-1。

步骤6：在左侧幻灯片浏览窗格中选中最后一张幻灯片，按"Enter"键新建一张幻灯片，选中该幻灯片并右击更改版式为"Section Header"。单击标题占位符输入文本"01.介绍——"，单击文本占位符输入文本"介绍新能源汽车的定义与发展历程"。最后效果如图4-3-7所示。

图 4-3-7　制作标题页

步骤7：单击"插入"选项卡中的"形状"下拉按钮，选择"动作按钮"类中"自定义按钮"选项，如图4-3-8所示。

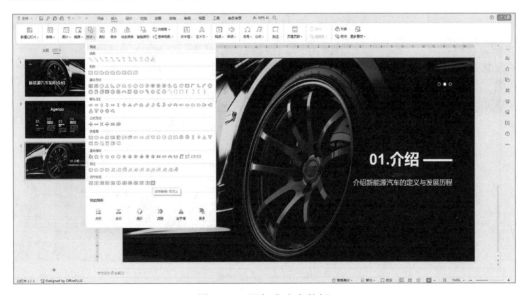

图 4-3-8　添加自定义按钮

步骤8：在幻灯片中单击并拖曳，绘制按钮。如图 4-3-9 所示，在弹出的动作设置对话框中，选择"鼠标单击时/超链接到/幻灯片"，并在弹出的"超链接幻灯片"对话框中选择"幻灯片 2"（目录页），然后单击"确定"按钮完成添加。再次单击该按钮，在弹出的"绘图工具"选项卡中，修改按钮的填充色为"白色"，轮廓为"无边框颜色"。保持按钮选中状态，输入"返回"后按"Enter"键，返回按钮制作完成。

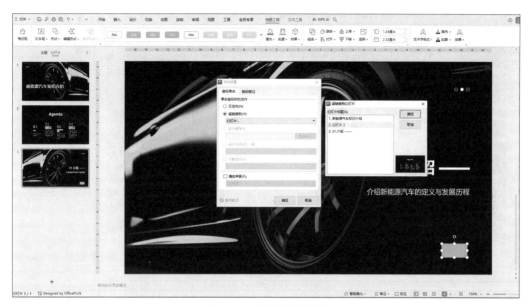

图 4-3-9　设置按钮属性

利用相同方法，可以制作其余标题页并添加"返回"按钮。最终效果如图 4-3-10 所示。

图 4-3-10　标题页最终效果

步骤 9：返回目录页幻灯片，如图 4-3-11 所示，选中"介绍"文本，然后单击"插入"选项卡中的"超链接"下拉按钮，在打开的下拉菜单中选择"本文档幻灯片页"命令，在弹出的"插入超链接"对话框中选择第三张幻灯片并单击"确定"按钮，链接到介绍小节。

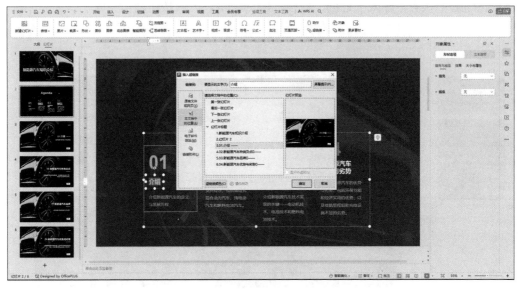

图 4-3-11　插入幻灯片

目录页中其他三节标题使用同样的方法插入超链接，分别链接到对应小节的封面页。

**二、设计各节内容**

步骤 1：选中"01 介绍"标题页幻灯片，然后按"Enter"键新建幻灯片，幻灯片版式选择"Title Only"。

步骤 2：单击标题占位符并输入文本"新能源汽车的定义"。

步骤 3：单击"插入"选项卡中的"形状"下拉按钮并选择"圆形"选项。在幻灯片编辑区中，按住"Ctrl"键同时拖曳鼠标，插入正圆形状。保证形状选中状态，输入文本"01"，并修改文本字体大小为 24 号，效果如图 4-3-12 所示。

步骤 4：插入两个文本框并分别输入"新能源车定义"及"使用新型能源替代传统燃油的汽车，包括纯电动、混合动力、燃料电池等。"，调整文本框位置，效果如图 4-3-13 所示。

用相同方法插入文本及形状，最终效果如图 4-3-14 所示。

步骤 5：选中"02"标题页幻灯片，然后按"Enter"键新建幻灯片，幻灯片版式选择"Blank"。

步骤 6：单击"插入"选项卡中的"表格"下拉按钮，在打开的下拉菜单中选择 4×4 表格并插入幻灯片，如图 4-3-15 所示。然后根据幻灯片内容大纲，在创建的表格中输入文本。

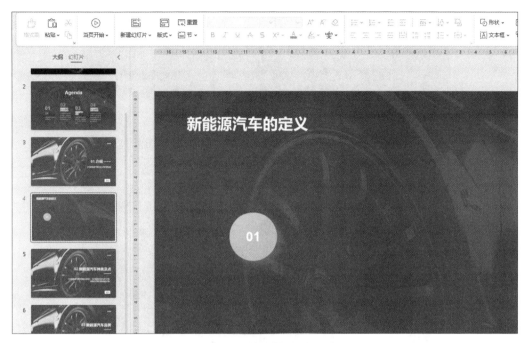

图 4-3-12　添加图形并输入文本

图 4-3-13　制作"介绍"小节内容

步骤 7：选中表格第一行，在功能区中弹出"表格样式"选项卡，单击"填充"下拉按钮，在打开的下拉菜单中选择深蓝色。

步骤 8：选中表格第二行，设置填充颜色为"深蓝色，浅色 80%"，第四行表格填充色采用相同设置。

步骤 9：选中表格第三行，设置填充颜色为"深蓝色，浅色 60%"。最终效果如图 4-3-16 所示。

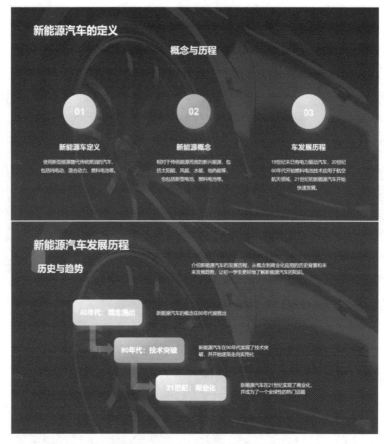

图 4-3-14　"介绍"小节效果图

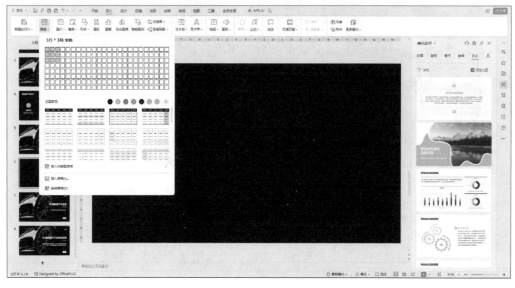

图 4-3-15　插入表格对象

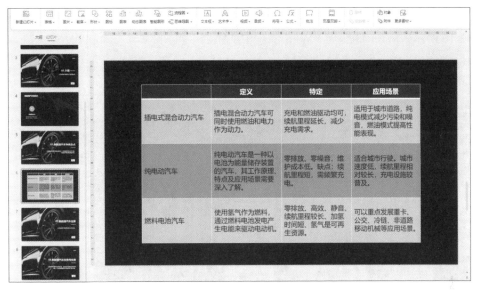

图 4-3-16　设置表格样式

步骤 10：选中"03"标题页幻灯片，然后按"Enter"键新建幻灯片，幻灯片版式选择"Blank"。

步骤 11：单击"插入"选项卡中的"图表"按钮，选择"柱形图"中的"簇状柱形图"选项，在当前幻灯片中插入图表，如图 4-3-17 所示。

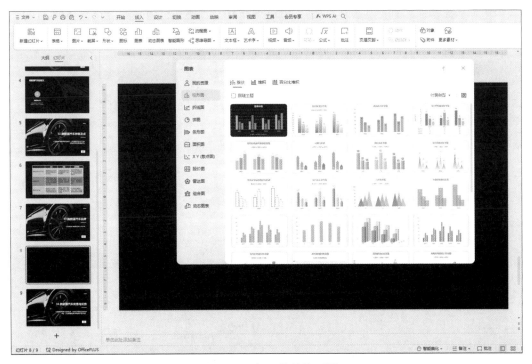

图 4-3-17　插入簇状柱形图

步骤 12：单击簇状柱形图，右击，在打开的快捷菜单中选择"编辑数据"命令，如图 4-3-18 所示，WPS 将打开"WPS 演示中的图表"页面。

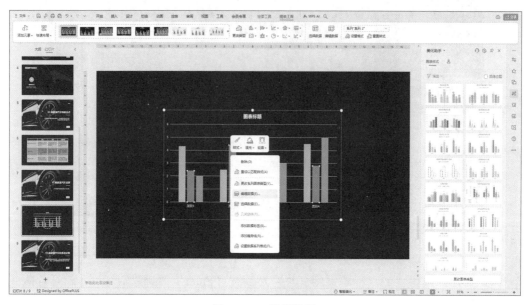

图 4-3-18　编辑数据

步骤 13：按照制作提纲，输入各项数据后保存并退出当前表格编辑页面。回到幻灯片制作页面，单击"图表工具"选项卡中"选择数据"按钮，再次打开演示文稿中的表格页面，如图 4-3-19 所示。

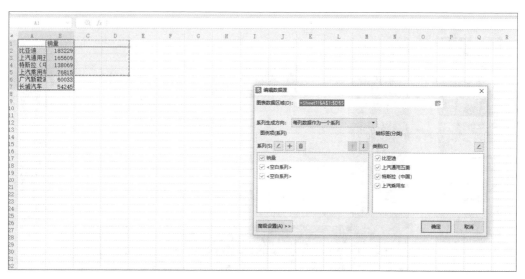

图 4-3-19　选择数据

步骤 14：在"编辑数据源"对话框中，单击"图表数据区域"后的表格按钮，然后选中当前表格中全部数据，单击"确定"按钮，保存并退出当前表格编辑页面。图表中数据显示效果如图 4-3-20 所示。

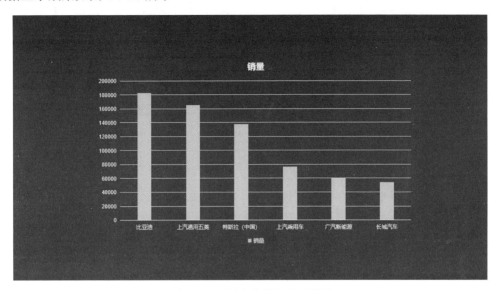

图 4-3-20 图表中数据显示效果

步骤 15：再次单击图表，在右侧弹出的图表属性选项按钮中，单击"图表元素"按钮，选中"坐标轴""图表标题""网格线""图例"复选框，如图 4-3-21 所示。

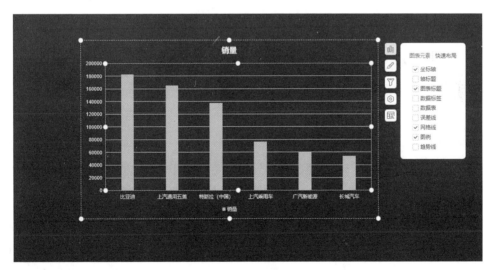

图 4-3-21 编辑图表坐标

步骤 16：修改图表标题文本内容为"2020 年新能源乘用车 TOP10 车企销量分布情况"，删除横坐标轴标题，并修改纵坐标轴标题文本内容为"单位：辆"。单击图表中纵坐标文本框，在右侧打开的对象属性窗格中，选择"坐标轴"选项卡，打开"数字"下拉菜单，选择"类别"为"自定义"类型，添加"格式代码"为"0"."0,"万""后，在"类型"中选择该类型。最终效果如图 4-3-22 所示。

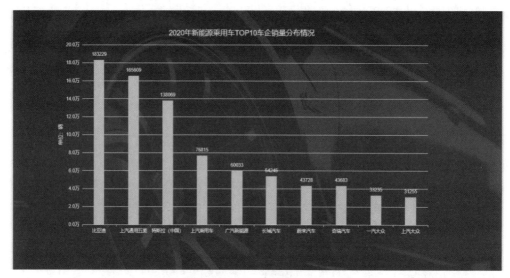

图 4-3-22　图表样式效果图

步骤 17：选中图表幻灯片，然后按"Enter"键新建幻灯片，幻灯片版式选择"Blank"。在该幻灯片中，单击"插入"选项卡中的"图片"下拉按钮，在打开的下拉菜单中选择"本地图片"命令，如图 4-3-23 所示。

图 4-3-23　添加本地图片

步骤 18：在打开的"插入图片"对话框中选择本地图片的存储路径，并单击"打开"按钮，将图片插入当前幻灯片。选中该图片，功能区中会自动打开"图片工具"选项卡，设置图片高度为 5 厘米，按"Enter"键确认。单击"效果"下拉按钮，打开下拉菜单，选择"倒影"中的"全倒影，接触"选项，图片最终效果如图 4-3-24 所示。

图 4-3-24  修改图片属性

利用相同操作方法，可以添加其他图片到幻灯片中，最终幻灯片效果如图 4-3-25 所示。

图 4-3-25  添加图片后幻灯片效果图

步骤 19：选中"04"标题页幻灯片，然后按"Enter"键新建幻灯片，幻灯片版式选择"Blank"。如图 4-3-26 所示，单击"插入"选项卡中的"视频"下拉按钮，在打开的下拉菜单中选择"嵌入视频"选项，打开"插入视频"对话框，并选择本地视频插入到当前幻灯片中。

步骤 20：选中该幻灯片中的视频对象，功能区中自动打开"视频工具"选项卡，单击"视频封面"下拉按钮，然后选择"来自文件"选项，如图 4-3-27 所示，打开"选择图片"对话框，并在本地选择图片后单击"打开"按钮。

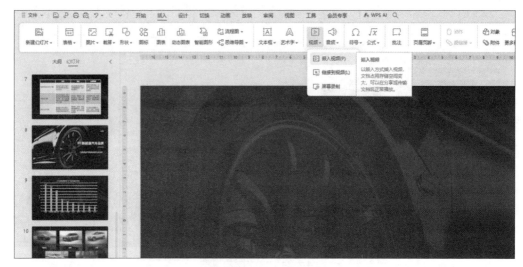

图 4-3-26　插入视频对象

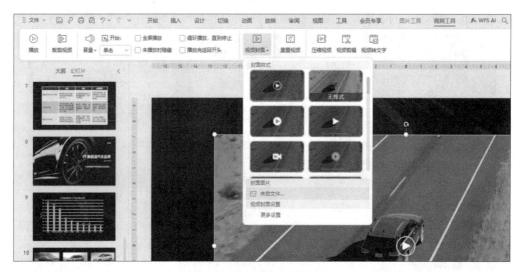

图 4-3-27　添加视频封面

## 相关知识

### 一、幻灯片对象的布局原则

演示设计的四大基本原则为对比、对齐、重复、亲密，每一份优秀的设计作品通常都遵守这四大基本原则。

- 对比：可以通过颜色的对比、字体大小粗细的对比、距离之间的对比等来实现。
- 对齐：在 PPT 页面中，有很多设计元素，如形状、字体、图片等，这些都不能随意摆放，通过对齐，可以使页面更加整齐，更加美观。
- 重复：同一个元素重复使用，这个常用在 PPT 目录设计中。无论是字体、颜色，还是形状、图片等，都可以重复使用，使内容更加统一，画面看起来也更加和谐。

- 亲密：把具有相关性的对象互相靠近，同一类的，设计统一的元素。

## 二、插入幻灯片对象

一张幻灯片上可以插入多个对象，幻灯片就像一个舞台，而对象就像是演员，演示文稿支持的对象种类非常多，包括文字、图片、表格、音频、视频、超链接等。正是由于对象的种类丰富，才使得演示文稿生动活泼。

用户可以利用功能区中"插入"选项卡中的命令按钮根据需求选择不同对象插入到当前幻灯片中。在幻灯片编辑区域中，双击不同对象，在功能区中会相应弹出修改工具选项卡，可以在工具栏中修改选中对象的各种属性。

### 关联图谱

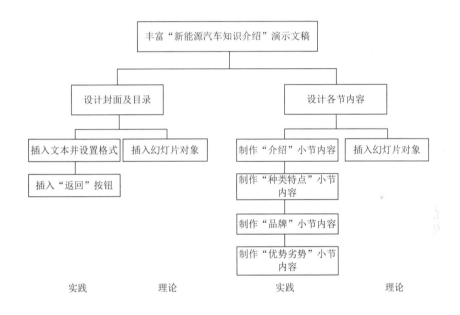

### 自测习题

## 一、选择题

1. 在 WPS 演示文稿中，如果想在幻灯片中插入一个表格，应该使用（　　）命令。

    A."插入"→"表格"　　　　　　　　　　B."格式"→"表格"

    C."工具"→"表格"　　　　　　　　　　D."编辑"→"表格"

2. WPS 演示文稿中，插入 SmartArt 图形的正确步骤是（　　）。

    A."插入"→"图表"　　　　　　　　　　B."插入"→"图片"

    C."插入"→"SmartArt"　　　　　　　　D."插入"→"形状"

3. 在 WPS 演示文稿中，要插入一个图表，应先选择菜单栏中的（　　）命令。

    A. "插入"→"图表"　　　　　　　　　　B. "格式"→"图表"

    C. "编辑"→"图表"　　　　　　　　　　D. "工具"→"图表"

4. 如果想在 WPS 演示文稿的幻灯片中插入一个艺术字效果，应该通过（　　）实现。

    A. "插入"→"艺术字"　　　　　　　　　B. "格式"→"艺术字"

    C. "工具"→"艺术字"　　　　　　　　　D. "编辑"→"艺术字"

5. 在 WPS 演示文稿中，要插入一个文本框，应先选择菜单栏中的（　　）命令。

    A. "插入"→"文本框"　　　　　　　　　B. "格式"→"文本框"

    C. "编辑"→"文本框"　　　　　　　　　D. "视图"→"文本框"

6. 在 WPS 演示文稿中，若想在幻灯片中插入一个带有编号的列表，应使用（　　）组合键。

    A. "Ctrl+Shift+L"　　　　B. "Ctrl+L"　　　　C. "Alt+L"　　　　D. "Shift+L"

7. 在 WPS 演示文稿中，如果想将某个对象设置为超链接，跳转到指定的幻灯片，应（　　）。

    A. 右击对象，选择"超链接"命令

    B. 直接拖动对象到目标幻灯片

    C. 使用"插入"选项卡中的"超链接"命令

    D. 使用"格式"选项卡中的"超链接"命令

8. 在 WPS 演示文稿中，插入一个动作按钮，并设置其动作类型为"结束放映"的方法是（　　）。

    A. "插入"→"形状"→"动作按钮"，然后在动作设置中选择"结束放映"命令

    B. "格式"→"动作按钮"，然后在动作设置中选择"结束放映"命令

    C. "编辑"→"动作按钮"，然后在动作设置中选择"结束放映"命令

    D. "幻灯片放映"→"动作按钮"，然后在动作设置中选择"结束放映"命令

9. 在 WPS 演示文稿中，如果要插入一个外部的文件（如 PDF、Word 文档等）作为对象，应使用（　　）命令。

    A. "插入"→"对象"　　　　　　　　　　B. "格式"→"对象"

    C. "编辑"→"对象"　　　　　　　　　　D. "工具"→"对象"

10. 在 WPS 演示文稿中，若想在幻灯片中插入一个自定义的图形，应先选择菜单栏中的（　　）命令。

    A. "插入"→"形状"　　　　　　　　　　B. "格式"→"形状"

    C. "编辑"→"形状"　　　　　　　　　　D. "视图"→"形状"

## 二、简答题

1. 如何在 WPS 演示文稿中添加图片对象？

2. 如何在 WPS 演示文稿中添加文本框并输入文字？

# 任务四 放映并导出"新能源汽车知识介绍"演示文稿

## ⚡ 任务概述

演示文稿制作的目的是能够顺利演示讲述内容，因此在演示文稿完成制作后，还需要放映查看是否存在问题。"新能源汽车知识介绍"课件已经制作完毕，接下来小刘打算在计算机上放映演示，确保在课堂上能够顺利放映，从而达到更好的课堂效果。

## ⚡ 任务目标

### 📖 知识目标

1. 了解幻灯片的放映类型，会使用排练计时进行放映。
2. 掌握幻灯片不同格式的导出方法。

### 📖 技能目标

1. 掌握演示文稿放映方法。
2. 会使用排练计时进行放映。
3. 掌握幻灯片导出方法。

### 📖 素养目标

培养学生对演示文稿设计编辑的能力，具备基础信息技术素养以及数字化创新素养。

## ⚡ 实践训练

### 一、放映演示文稿

1. 放映幻灯片

步骤 1：打开"新能源汽车知识介绍.pptx"演示文稿，单击"放映"选项卡中的"从头开始"按钮，或直接按"F5"键，将从第一张幻灯片开始放映。

步骤 2：单击任意位置，或按空格键均可以对幻灯片进行切换操作。依次单击放映每张幻灯片，检查各页内容是否有误。放映完所有幻灯片后，将显示"放映结束"字样。

步骤 3：单击"01"标题页幻灯片，然后单击"放映"选项卡中的"当页开始"按钮，幻灯片将从当前选中页开始放映。

2. 排练计时

排练计时是指将演示文稿中每张幻灯片的放映时间保存，使幻灯片自动放映。

步骤 1：单击"放映"选项卡中的"排练计时"按钮，演示文稿将从第一张开始放映幻灯片，在自动打开的"录制"工具栏中会显示使用者停留在每张幻灯片的时间与总时长，如图 4-4-1 所示。

图 4-4-1　排练计时

步骤 2：排练放映结束后，会打开提示对话框提示是否保存排练计时时间，单击"是"按钮即可保存，如图 4-4-2 所示。

图 4-4-2　保存排练计时

步骤 3：切换到幻灯片浏览视图中，可以看到每张幻灯片下会标记刚刚排练计时的时间。单击"放映"选项卡中的"放映设置"下拉按钮，打开"设置放映方式"对话框，选择换片方式为"如果存在排练时间，则使用它"，然后单击"确定"按钮，如图 4-4-3 所示。设置完成后，该演示文稿在放映时可以根据排练计时自动放映。

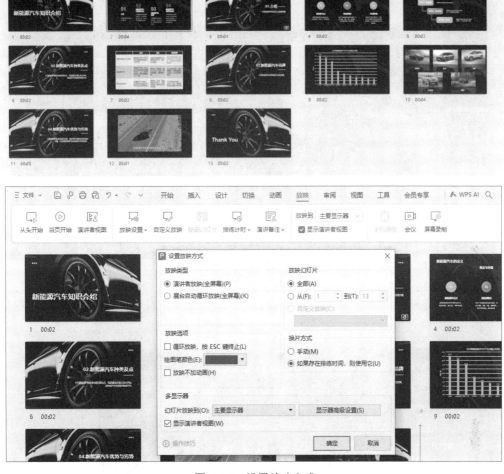

图 4-4-3　设置放映方式

## 3. 隐藏幻灯片

为了节省幻灯片放映时间，可以对演示文稿中的部分幻灯片设置隐藏操作。

步骤 1：选中幻灯片"02"标题页，单击"放映"选项卡中的"隐藏幻灯片"按钮。

步骤 2：单击后，在幻灯片浏览窗格中该幻灯片的编号会被斜线划掉，表示该幻灯片被隐藏起来，当演示文稿放映时，被隐藏的幻灯片不会放映，如图 4-4-4 所示。

## 二、发布演示文稿

### 1. 打印演示文稿

步骤 1：选择"文件"菜单中的"打印"选项，如图 4-4-5 所示，打开"打印"对话框。

步骤 2：在"打印"对话框中，选择打印机，设置打印份数为 1。

图 4-4-4　隐藏幻灯片

图 4-4-5　打印演示文稿

　　步骤 3：在"打印"对话框中，"打印内容"选择"讲义"，在右侧"讲义"栏中，选择"每页幻灯片数"为"6"，"顺序"为"水平"，然后单击"确定"按钮即可打印演示文稿。

2. 打包发布演示文稿

　　步骤 1：如图 4-4-6 所示，选择"文件"菜单中的"文件打包"选项，选择"将演示文稿打包成压缩文件"命令，打开"演示文件打包"对话框，如图 4-4-7 所示。
　　步骤 2：设置压缩文件包名称以及存放地址，然后单击"确定"按钮，演示文稿将被打包到指定位置。

图 4-4-6　选择"将演示文稿打包成压缩文件"命令

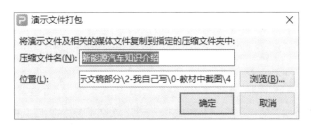

图 4-4-7　"演示文件打包"对话框

## 相关知识

### 一、审阅演示文稿

#### 1. 检查拼写

如图 4-4-8 所示,利用 WPS 的拼写检查功能,可以检查当前文档中的英文拼写错误。单击"审阅"选项卡中的"拼写检查"下拉按钮,在打开的下拉菜单中选择"拼写检查"命令,WPS 将自动检查演示文稿中存在的英文单词拼写错误。当拼写无误时,会提示拼写检查已完成。当拼写有误时,会弹出"拼写检查"对话框。在检查的段落中,拼写错误的单词语句会被标红处理。用户可以手动更改为指定单词,或是根据拼写建议进行修改。单击"更改"按钮可以更改当前错误拼写;若想忽略此错误,可单击"忽略"或"全部忽略"按钮,忽略此错误;单击下方"删除"按钮,可以快速删除错误的拼写。

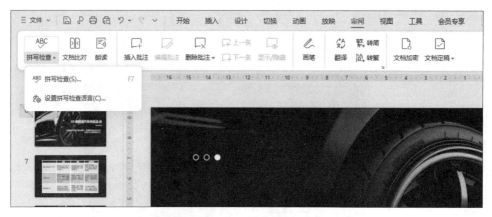

图 4-4-8　检查拼写

## 2. 添加批注

在制作完 PPT，与别人交流沟通修改时，会用到批注功能。如图 4-4-9 所示，单击"审阅"选项卡中的"插入批注"按钮，会在当前幻灯片任意位置插入批注，在批注编辑框输入内容即可。

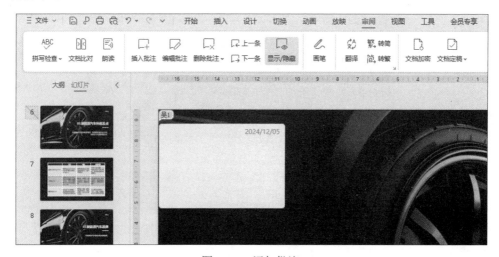

图 4-4-9　添加批注

## 3. 文档定稿

WPS 新增的文档定稿功能，适用于文字、表格、演示、PDF 组件，如果有比较重要的文件需要请领导或团队成员确认审批，或者需要对多次修订的文档进行重要版本管理和内容篡改监控，或者需要向他人表明文档已为最终版本状态时，就需要使用文档定稿功能。如图 4-4-10 所示，单击"审阅"选项卡中的"文档定稿"下拉按钮，在打开的下拉菜单中选择"文档定稿"命令，打开"文档定稿"对话框，单击"确定"按钮，完成后，文档右侧将出现定稿窗格，显示当前文档为已定稿状态。

图 4-4-10　文档定稿

4. 文档加密

在工作中有时会遇到较为隐私的合同、表格、报告等，为了保护文档，不被随意访问和修改，可以使用 WPS 文字、表格和演示中的文档权限对文档进行保护，开启后，文档将会转成私密模式，可对访问者和编辑者进行指定。单击"审阅"选项卡中的"文档加密"按钮，将会弹出"文档权限"对话框，根据用户需求设置"私密文档保护"。

## 二、放映演示文稿

### 1. 放映设置

在放映幻灯片时可以手动放映或者设置自动放映。单击"放映"选项卡中的"放映设置"下拉按钮，选择"放映设置"命令，在弹出的"设置放映方式"对话框中可以设置幻灯片放映的类型、多显示器放映等。在"放映类型"栏可以选择"演讲者放映"和"展台自动循环放映"。两者共同之处都是全屏幕放映演示文稿。两者不同之处在于，"演讲者放映"模式由演讲者主要操控演示文稿。"展台自动循环放映"模式则是展台系统自动循环放映。在"放映幻灯片"栏可以设置需要放映的幻灯片，如放映全部幻灯片或放映部分幻灯片。在"放映选项"与"换片方式"栏可以对放映时是否需要循环放映以及是否需要切片进行设置。

### 2. 排练计时

排练计时是指将演示文稿中的每一张幻灯片及幻灯片中各个对象的放映时间保存，在正式放映时让其自动放映，此时演讲者就可以专心地演讲而不用执行幻灯片的切换操作。在使用演示文件进行演讲时，可以在演示文件内添加备注，以便在演讲时起到提醒作用。

## 三、发布演示文稿

演示文稿制作好后，需要时可以将其打印出来，有时需要在其他计算机中放映，若想一次性传输演示文稿及相关的音频、视频文件，则可将制作好的演示文稿打包。选择"文件"菜单中的"文件打包"选项，可以将演示文稿打包成文件夹或压缩包，根据用户需求选择即可。

**关联图谱**

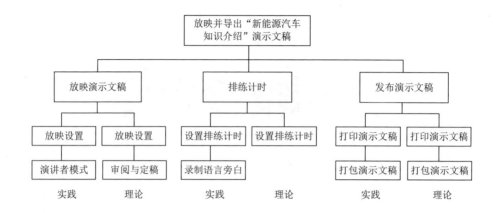

**自 测 习 题**

## 一、选择题

1. 在 WPS 演示文稿中，若要从当前幻灯片开始放映，应按（　　）快捷键。
   A. "F1"　　　　　　B. "F5"　　　　　　C. "F7"　　　　　　D. "F9"
2. WPS 演示文稿的放映方式中，不包括（　　）。
   A. 演讲者放映（全屏幕）　　　　　B. 观众自行浏览（窗口）
   C. 在展台浏览（全屏幕）　　　　　D. 远程放映
3. 若想在放映过程中隐藏鼠标指针，应在（　　）选项卡中进行设置。
   A. "插入"　　　　　B. "设计"　　　　　C. "切换"　　　　　D. "放映"
4. WPS 演示文稿放映时，如果想让幻灯片自动循环播放，应该（　　）。
   A. 在"放映"选项卡中选中"循环播放，按 Esc 键终止"
   B. 在"设计"选项卡中设置
   C. 无法实现自动循环播放
   D. 在"切换"选项卡中设置
5. 若想在放映 WPS 演示文稿时显示备注信息，应选择（　　）放映方式。
   A. 演讲者放映（全屏幕）　　　　　B. 观众自行浏览（窗口）
   C. 两者都可以　　　　　　　　　　D. 两者都不可以
6. 在 WPS 演示文稿中，（　　）设置幻灯片之间的切换效果。
   A. 在"插入"选项卡中　　　　　　B. 在"设计"选项卡中
   C. 在"切换"选项卡中　　　　　　D. 在"放映"选项卡中
7. 在放映 WPS 演示文稿时，若想跳转到特定的幻灯片，应使用（　　）。
   A. "Ctrl+P"组合键　　　　　　　B. "Ctrl+N"组合键
   C. 数字键+"Enter"键　　　　　　D. 空格键

8. 若想在 WPS 演示文稿放映时隐藏某些幻灯片，应（　　）。

    A. 直接删除这些幻灯片　　　　　　B. 在"切换"选项卡中设置隐藏

    C. 在"放映"选项卡中设置隐藏　　D. 无法隐藏幻灯片

9. WPS 演示文稿放映时，（　　）显示或隐藏标尺、网格和参考线。

    A. 在"视图"选项卡中设置　　　　B. 在"放映"选项卡中设置

    C. 无法在放映时显示或隐藏这些工具　D. 在"设计"选项卡中设置

10. 在 WPS 演示文稿放映过程中，若想暂停放映并返回编辑模式，应（　　）。

    A. 按"Esc"键　　　　　　　　　B. 按"F5"键

    C. 右击并选择"结束放映"命令　　D. 两者都可以

## 二、简答题

1. 如何在 WPS 演示文稿中开始放映幻灯片？

2. WPS 演示文稿提供了哪些放映方式？

# 任务五　制作"倒计时"动画

## 任务概述

    生动形象是演示文稿的特点，为了更加突出这一优势，制作者还可以对幻灯片中各个对象设置动画效果。小刘预计在自己的课堂上安排各位同学汇报这学期的学习心得，因此她想制作一个简单的倒计时特效，用来在课堂上提醒各位同学时间截止。小刘能够熟练使用 WPS Office 的各项功能，因此她选择使用演示文稿来完成这个任务。

## 任务目标

### 📖知识目标

1. 掌握对象动画设置的基本操作。

2. 掌握幻灯片切换动画的基本操作。

### 📖技能目标

1. 熟练掌握对象动画基本设置方法。

2. 熟练掌握幻灯片切换动画设置方法。

制作"倒计时"动画

### 📖素养目标

1. 培养学生动态演示文稿的设计能力。

2. 培养学生基本的演示文稿操作能力，具备基础信息技术素养。

## 实践训练

### 一、制作倒计时效果

    步骤 1：启动 WPS 演示，新建一个空白演示文稿，并将当前幻灯片版式设置为空白版式。

步骤 2：单击"插入"选项卡中的"文本框"按钮，在幻灯片中插入横向文本框，然后输入一串"‖‖‖"符号。

步骤 3：选中这串符号，在弹出的"文本工具"选项卡文本效果设置面板中选择"效果"→"转换"→"圆"选项，制作一个圆形边框，如图 4-5-1 所示。

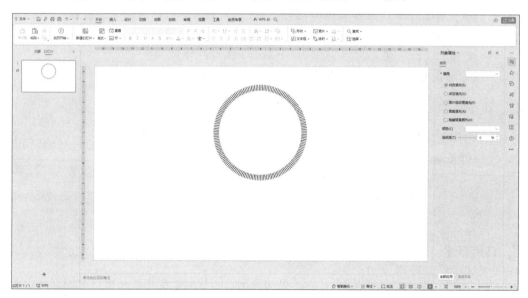

图 4-5-1　制作圆形边框

步骤 4：选中圆形边框，单击"动画"选项卡，选择进入类动画中的"轮子"选项，如图 4-5-2 所示。

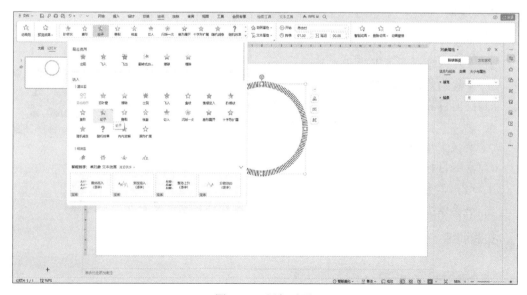

图 4-5-2　添加动画

步骤 5：在右侧弹出的动画窗格属性面板中，单击该动画右侧的下拉按钮，选择"效果选项"命令，打开"轮子"对话框，在"计时"选项卡中，设置速度为快速，重复数值为 6，如图 4-5-3 所示。

图 4-5-3  设置动画属性

步骤 6：再次插入文本框并输入文本"0"，设置字体大小为 120 号。

步骤 7：选中该文本对象，连续复制五次，并分别将文本修改为 1、2、3、4、5，选中六个文本框。

步骤 8：单击"开始"选项卡中的"排列"下拉按钮，分别选择"对齐"→"左对齐"命令和"对齐"→"顶端对齐"命令，将对齐后的文本框移动到圆形边框内，如图 4-5-4 所示。

图 4-5-4  插入数字

步骤 9：单击"动画"选项卡中的"动画窗格"按钮，打开动画窗格，单击"选择窗格"按钮，打开选择窗格，如图 4-5-5 所示。

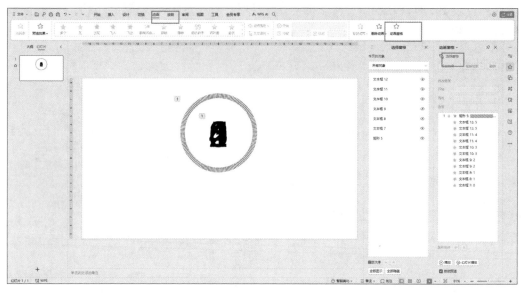

图 4-5-5　打开选择窗格

图 4-5-6　数字 5"出现"动画
属性设置

步骤 10：为了方便添加动画效果，可以在选择窗格中单击眼睛图标隐藏文本框对象。以数字 5 为例，选中该文本对象，并添加动画"出现"。单击"效果"按钮，修改"计时"选项卡中动画"开始"为"与上一动画同时"，如图 4-5-6 所示。

步骤 11：保持该文本框选中状态，并单击"添加效果"下拉按钮，在打开的下拉菜单中选择"消失"动画效果。用相同方法修改"消失"动画属性，"开始"为"与上一动画同时"、延迟为 1 秒，如图 4-5-7 所示。

图 4-5-7　添加消失动画

步骤 12：用相同方法设置数字 4、3、2、1 的动画效果及属性,属性设置参考图 4-5-8～图 4-5-11。

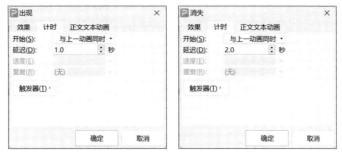

图 4-5-8　数字 4 的动画属性

图 4-5-9　数字 3 的动画属性

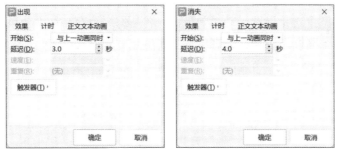

图 4-5-10　数字 2 的动画属性

步骤 13：数字 0 在最后只添加"出现"动画即可,设置属性如图 4-5-12 所示。

图 4-5-11　数字 1 的动画属性

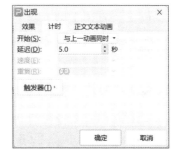

图 4-5-12　数字 0 的动画属性

## 二、设置幻灯片切换动画

步骤 1：新建一张幻灯片，在幻灯片中插入文本"时间到"，如图 4-5-13 所示。

图 4-5-13　插入文本"时间到"

步骤 2：在幻灯片浏览窗格中再次选中这张幻灯片，并单击功能区中的"切换"选项卡，打开幻灯片切换工具栏。

步骤 3：如图 4-5-14 所示，打开切换效果选择窗格，选择"立方体"效果，单击"效果选项"下拉按钮并在下拉菜单中选择"下方进入"选项。

当幻灯片中某个对象设置了动画效果，或者是幻灯片存在切换效果，在幻灯片浏览窗格中的幻灯片缩略图左上角都会有一个星星标记。

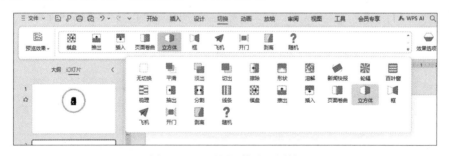

图 4-5-14　设置切换动画属性

## 相关知识

### 一、设置幻灯片对象动画效果

幻灯片中对象设置的动画种类有四种，包括"强调""进入""退出""动作路径"。

- "强调"动画。这类动画的特点是在放映演示文稿时，通过指定方式突出显示添加了动画的对象，无论动画是在放映前、放映中，还是在放映后，应用了"强调"动画的对象都始终显示在幻灯片中。

- "进入"动画。这类动画的特点是从无到有，即在放映幻灯片时，开始并不会出现应用了"进入"动画的对象，而会在特定时间或特定操作下，如显示了指定的内容或单击后，才会在幻灯片中以动画的方式显示该对象。
- "退出"动画。这类动画的特点与"进入"动画刚好相反，通过动画使幻灯片中的某个对象消失。
- "动作路径"动画。这类动画的特点是使对象在动画放映时产生位置变化，并能控制具体的变化路线。

**二、设置幻灯片切换动画效果**

幻灯片切换动画是指放映演示文稿时，当一张幻灯片的内容播放完成后，进入到下一张幻灯片时的动画过渡效果。添加幻灯片切换动画效果，可以使演示文稿切换更加流畅和生动。

**关联图谱**

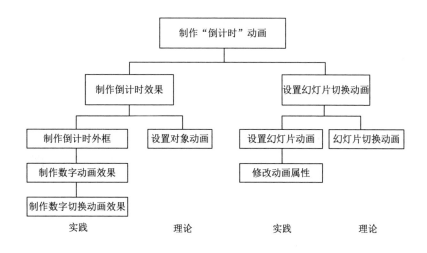

**自测习题**

**一、选择题**

1. 在 WPS 演示文稿中，如果想为幻灯片中的多个对象设置相同的动画效果，应该（　　）。

    A. 逐个选中对象并分别添加动画效果

    B. 选中一个对象添加动画效果后，使用格式刷复制效果到其他对象

    C. 无法为多个对象设置相同的动画效果

    D. 在动画窗格中统一设置

2. WPS 演示文稿中的动画效果（　　）播放。

A. 只能设置为单击时开始

B. 只能设置为与上一动画之后开始

C. 可以设置为单击时、与上一动画之后或上一动画之后延迟几秒开始

D. 只能设置为自动播放

3. 在 WPS 演示文稿中，如果想让一个动画效果在播放时伴随声音，应该（　　）。

A. 在动画效果选项中直接选择声音

B. 在幻灯片切换效果中设置声音

C. 无法为动画效果设置声音

D. 在"插入"选项卡中选择声音并设置为动画的触发器

4. 以下不是 WPS 演示文稿中动画效果类型的是（　　）。

A. "进入"动画　　　　　　　　　B. "强调"动画

C. "退出"动画　　　　　　　　　D. 幻灯片切换动画

5. 在 WPS 演示文稿中，如果想调整动画效果的播放速度，应该（　　）。

A. 在动画效果选项中直接设置播放速度

B. 无法调整动画效果的播放速度

C. 在幻灯片切换效果中设置播放速度

D. 在"格式"选项卡中调整播放速度

6. WPS 演示文稿中的动画窗格主要用于（　　）。

A. 显示幻灯片中的所有对象

B. 显示幻灯片中的所有动画效果及其顺序

C. 调整幻灯片的布局

D. 设置幻灯片的切换效果

7. 在 WPS 演示文稿中，如果想让一个对象在动画播放时沿着特定的路径移动，应该（　　）。

A. 在动画效果选项中选择"动作路径"并设置路径

B. 使用"绘图工具"选项卡中相关命令按钮绘制路径并设置为动画路径

C. 无法为对象设置动作路径

D. 在"格式"选项卡中设置动作路径

8. 关于 WPS 演示文稿中的动画效果，以下说法错误的是（　　）。

A. 可以为文本框添加动画效果　　　B. 可以为图片添加动画效果

C. 无法为形状添加动画效果　　　　D. 可以为图表添加动画效果

9. 在 WPS 演示文稿中，如果想让一个动画效果在播放完毕后自动返回到原始状态，应该（　　）。

A. 在动画效果选项中选中"自动翻转"

B. 在幻灯片切换效果中设置自动翻转

C. 无法实现自动返回到原始状态

D. 在"格式"选项卡中设置自动翻转

10. WPS 演示文稿中的动画效果是否可以设置为循环播放？（　　）

　　A. 是的，所有动画效果都可以设置为循环播放

　　B. 不是，只有部分动画效果可以设置为循环播放

　　C. 无法为动画效果设置循环播放

　　D. 在动画效果选项中直接设置循环播放次数

## 二、简答题

1. 如何在 WPS 演示文稿中为对象添加动画效果？

2. 如何调整 WPS 演示文稿中动画效果的播放速度？

# 项目五

## 新一代信息技术概述

新一代信息技术蓬勃发展，带来了诸多变革。共享单车借助物联网等技术，方便了人们的出行，解决了"最后一公里"难题。AI抠图运用智能算法，在图像处理领域大放异彩，提升了工作效率和创作质量。数字人民币的出现，革新了支付方式，使交易更加安全便捷。5G测速则展现了高速网络的强大，为各种智能应用提供了坚实的网络基础。这些技术相互融合，共同塑造着我们的生活，推动着社会向智能化、数字化迈进，展现出新一代信息技术的无限潜力和魅力。

## 任务一  认识物联网

新一代信息技术概述

### ⚡ 任务概述

共享单车是小李同学常用的交通工具，通过手机就能查看附近有哪些可用车辆，哪里是规范的停车地点。通过了解，小李同学知道共享单车就是物联网的典型应用之一，他对物联网产生了浓厚的兴趣，希望进一步了解物联网的相关知识。

### ⚡ 任务目标

📖**知识目标**

1. 了解物联网的概念、应用领域和发展趋势。

2. 了解物联网和其他技术的融合。

3. 熟悉物联网感知层、网络层和应用层三层体系结构及每层的作用。

📖**技能目标**

1. 学会使用数据分析工具对物联网收集的数据进行处理和分析，提取有价值的信息。

2. 通过物联网解决实际问题，做出决策。

📖**素养目标**

1. 培养对物联网技术发展的敏锐洞察力，及时了解行业最新动态和趋势。

2. 培养解决复杂问题的能力，能够应对物联网系统运行中出现的各种技术和非技术挑战。

## ⚡ 相关知识

### 一、物联网的定义

物联网（internet of things，IoT）一词起源于传媒领域，是信息科技产业的第三次革命。物联网是指通过信息传感设备，按约定的协议，将任何物体与网络相连接，物体通过信息传播媒介进行信息交换和通信，以实现智能化识别、定位、跟踪、监管等功能。

### 二、物联网体系结构

物联网体系结构通常划分为三个主要层次，分别是感知层、网络传输层和应用层。在各层之间，信息不是单向传递的，而是有交互或控制。所传递的信息主要是物的信息，包括物的识别码、物的静态信息、物的动态信息等。

#### 1. 感知层

感知层是物联网体系结构的底层，主要负责与物理世界进行交互，通过各种传感器和执行器来感知和控制环境中的各种参数。这些传感器可以测量温度、湿度、光照、气压等环境参数，也可以检测物体的位置、速度、方向等运动状态。执行器则负责根据上层指令对物理环境进行相应操作，如开关灯光、调节温度等。

感知层的关键技术包括传感器技术、射频识别（radio frequency identification，RFID）技术、短距离无线通信技术等。传感器技术的不断发展使得我们能够以更高的精度和更低的成本来感知环境信息。RFID 技术则通过无线方式识别特定目标并读写相关数据，为物联网提供了快速、准确的标识和识别手段。短距离无线通信技术如蓝牙、ZigBee等则使得传感器之间以及传感器与网关之间的数据传输变得更加便捷和高效。

#### 2. 网络传输层

网络传输层是物联网体系结构的中间层，主要负责将感知层采集到的数据传输到应用层进行处理。这一层包括了各种有线和无线网络技术，如互联网、移动通信网、卫星通信网等。这些网络技术共同构成了一个庞大的数据传输网络，使得物联网设备能够随时随地接入网络并交换信息。

在网络传输层中，数据的传输可靠性和安全性是两个关键问题。为了保证数据传输的可靠性和实时性，物联网通常采用多种传输协议和拥塞控制机制来优化网络性能。同时，由于物联网设备通常需要在无人值守的环境下长时间运行，因此网络安全问题尤为重要。物联网需要采用加密技术、身份认证技术等手段来确保数据传输的安全性和完整性。

#### 3. 应用层

应用层是物联网体系结构的顶层，主要负责将网络传输层传输来的数据进行处理和应用。这一层包括了各种数据处理技术、云计算技术、大数据技术等，以及基于这些技术开发的各种物联网应用。这些应用涵盖了智能家居、智能交通、智能农业、智能医疗等多个领域，为人们的生活和工作带来了极大的便利和创新。

在应用层中，数据处理和分析是关键环节。物联网设备产生的大量原始数据需要经过清洗、整合、挖掘等处理过程才能转化为有价值的信息。云计算和大数据技术的发展为物联网数据处理提供了强大的计算能力和存储空间，使得我们能够更加高效地处理和分析海量数据。同时，各种人工智能和机器学习算法的应用也使得物联网能够更加智能地识别用户需求、预测未来趋势并做出相应决策。

### 三、物联网的应用场景

#### 1. 智能交通

交通被认为是物联网所有应用场景中最有前景的应用之一。智能交通是物联网的体现形式，利用先进的信息技术、数据传输技术以及计算机处理技术等，通过集成到交通运输管理体系中，使人、车和路能够紧密的配合，改善交通运输环境、保障交通安全以及提高资源利用率。

共享单车：运用带有全球定位系统（global positioning system，GPS）或窄带物联网（narrow band internet of things，NB-IoT）模块的智能锁，通过 APP 相连，实现精准定位、实时掌控车辆状态等。

智能红绿灯：依据车流量、行人及天气等情况，动态调控灯信号来控制车流，提高道路承载力。

高速无感收费：通过摄像头识别车牌信息，根据路径信息进行收费，提高通行效率、缩短车辆等候时间等。

#### 2. 智慧物流

智慧物流是新技术应用于物流行业的统称，指的是以物联网、大数据、人工智能等信息技术为支撑，在物流的运输、仓储、包装、装卸、配送等各个环节实现系统感知、全面分析及处理等功能。智慧物流的实现能大大地降低各行业运输的成本，提高运输效率，提升整个物流行业的智能化和自动化水平。物流是物联网落地的最佳场景，物联网在物流领域的应用场景非常丰富。

仓库储存：通常采用基于 LoRa、NB-IoT 等传输网络的物联网仓库管理信息系统，完成收货入库、盘点、调拨、拣货、出库以及整个系统的数据查询、备份、统计、报表生产及报表管理等任务。尤其在无人仓、智能立体库、金融监管库中，有着大量的物联网设备，通过物联网设备实时监控货品的状态，指引设备运营。

运输监测：实时监测货物运输中的车辆行驶情况以及货物运输情况，包括货物位置、状态环境以及车辆的油耗、油量、车速及刹车次数等驾驶行为。

冷链物流：冷链物流对温度要求比较高，温湿度传感器可将仓库、冷链车的温度、湿度实时传输到后台，便于监管。

智能快递柜：将云计算和物联网等技术结合，实现快件存取和后台中心数据处理，通过 RFID 或摄像头实时采集、监测货物收发等数据。

3. 智慧能源

智慧能源属于智慧城市的一个部分，当前，将物联网技术应用在能源领域，主要用于水、电、燃气等表计以及根据外界天气对路灯的远程控制等，基于环境和设备进行物体感知，通过监测，提升利用效率，减少能源损耗。

智能水表：可利用先进的 NB-loT 技术，远程采集用水量，以及提供用水提醒等服务。

智能电表：自动化、信息化的新型电表，具有远程监测用电情况，并及时反馈等功能。

智能燃气表：通过网络技术，将用气量传输到燃气集团，无须入户抄表，且能显示燃气用量及用气时间等数据。

智慧路灯：通过搭载传感器等设备，实现远程照明控制以及故障自动报警等功能。

**关联图谱**

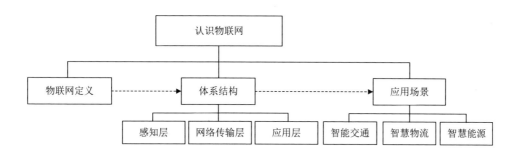

**自 测 习 题**

## 一、选择题

1. 物联网的典型应用场景是（　　　）。
   A. 用传统相机拍照　　　　　　　　B. 人工记录图书馆书籍借阅信息
   C. 共享单车的使用管理　　　　　　D. 手写书信通信
2. 物联网中的"物"通常需要（　　　）。
   A. 具有好看的外观　　　　　　　　B. 具有独立的电源供应
   C. 能够通过网络进行通信　　　　　D. 体积必须小于一定标准
3. 物联网体系架构主要包括三层，主要负责数据采集和简单处理的是（　　　）。
   A. 感知层　　　　B. 网络层　　　　C. 应用层　　　　D. 传输层
4. 在物联网中，常用于近距离、低功耗设备之间连接的通信技术是（　　　）。
   A. 5G　　　　　　B. Wi-Fi　　　　C. ZigBee　　　　D. 以太网
5. 物联网的核心是（　　　）。
   A. 互联网　　　　B. 智能设备　　　　C. 传感器　　　　D. 数据
6. 以下不属于物联网感知层关键技术的是（　　　）。

    A. 传感器技术                        B. 云计算技术

    C. 射频识别技术                    D. 条码技术

7. 在物联网中，用于实现设备之间短距离无线通信且功耗较低的技术是（    ）。

    A. Bluetooth        B. 3G         C. 4G         D. 5G

8. 以下场景不属于物联网典型应用的是（    ）。

    A. 智能交通中的车辆自动导航     B. 在电影院购买纸质电影票

    C. 智能家居系统中的设备远程控制  D. 工业生产中的设备状态监测

9. 为保障物联网设备的安全，有效的措施是（    ）。

    A. 使用默认密码               B. 从不更新设备软件

    C. 加密数据传输               D. 允许设备随意接入公共网络

10. 未来物联网的发展趋势中，以下描述不准确的是（    ）。

    A. 更广泛的设备连接         B. 更低的技术成本

    C. 更弱的智能化程度       D. 更严格的安全标准

## 二、简答题

简单描述物联网的体系结构及各层功能。

# 任务二　认识人工智能

## 任务概述

    人工智能作为当下最具影响力和发展潜力的前沿技术之一，已经广泛渗透到了医疗、交通、金融、教育等众多领域，为这些领域相关行业带来了全新的发展机遇和变革。它不仅改变了人们的生活方式，也重塑了企业的运营模式和业务流程。在这样的趋势下，掌握人工智能技术，无疑成为了求职者提升自身竞争力的关键因素。小李同学无时无刻不在享受人工智能带来的便利，如用 AI 抠图完成一张毕业合照，弥补了不能到现场拍照同学的遗憾；学习生活中遇到困难可直接与人工智能助手进行对话等。人工智能给生活带来了这么多的便利，小李同学很希望了解人工智能的核心技术及其原理，了解具体功能是如何实现的。

## 任务目标

### 知识目标

1. 理解人工智能的定义。

2. 了解人工智能的发展历程。

3. 掌握人工智能的核心技术及其原理。

### 技能目标

1. 掌握机器学习算法，能根据数据和任务特性选择合适的模型。

2. 学会通过神经网络处理数据。

3. 运用自然语言处理技术完成文本任务，掌握 Transformer 模型应用。

4. 用计算机视觉技术实现目标检测与图像分割。

5. 构建知识图谱和基于规则的推理系统。

6. 依据机器人运动学模型，实现对两轮差速机器人等简单机器人的运动控制。

📖素养目标

1. 培养严谨细致的科学态度。

2. 提升创新思维与问题解决能力。

3. 增强跨学科学习与协作意识。

## ⚡ 相关知识

### 一、人工智能的定义

人工智能（artificial intelligence，AI）是研究、开发用于模拟、延伸和扩展人的智能的理论、方法、技术及应用系统的一门新的技术科学。

人工智能是智能学科重要的组成部分，它企图了解智能的实质，并生产出一种新的能以与人类智能相似的方式做出反应的智能机器。人工智能是十分广泛的科学，包括机器人、语言识别、图像识别、自然语言处理和专家系统等。基于算法和大数据等的计算机技术是人工智能发展的基础。

从技术层面讲，人工智能借助机器学习、深度学习、自然语言处理等多种技术，让计算机系统具备强大学习、推理、交流和决策能力。例如，AlphaGo 通过强化学习技术击败人类顶尖棋手。从应用视角看，它能解决医疗、交通、金融等领域复杂问题，如医疗影像诊断软件可用于辅助医生识别病灶。本质上，人工智能打破了传统程序预设模式，赋予机器自主学习、理解和适应新环境的能力，从而推动各行业革新，深刻改变人们生活、工作的方方面面。

### 二、人工智能的发展历程

在科技演进的宏大历史进程中，人工智能作为极具变革性的前沿领域，自诞生之初便吸引了科学界的广泛关注。自其概念首次被提出，历经半个多世纪的探索与实践，人工智能凭借持续的理论创新与技术突破，深刻重塑了人类的生产与生活方式。这一历程不仅凝聚了众多科研人员的智慧结晶，更是一部生动展现人类探索未知、追求进步的奋斗史。梳理人工智能从萌芽到成熟的发展脉络，对理解该领域的理论体系，把握未来技术走向具有重要的学术价值与现实意义。

起步发展期（1956 年—20 世纪 60 年代初）：1956 年 8 月，麦卡锡、闵斯基等科学家在美国达特茅斯学院会议中研讨"如何用机器模拟人的智能"，首次提出"人工智能"这一术语，并将其定义为"制造智能机器的科学与工程"。这一定义不仅标志着人工智能学科的诞生，也为后续的研究提供了重要的理论支撑。此后，相继取得了机器定理证明、跳棋程序等研究成果，掀起人工智能发展的第一个高潮。

反思发展期（20 世纪 60 年代—70 年代初）：人们开始尝试更具挑战性的任务，受限于计算能力和相关技术，实际应用效果不佳，人工智能的发展走入低谷。

应用发展期（20 世纪 70 年代初—80 年代中）：20 世纪 70 年代出现的专家系统通过

模拟人类专家的知识和经验来解决特定领域的问题，实现了人工智能从理论研究走向实际应用、从一般推理策略探讨转向运用专门知识的重大突破。专家系统在医疗、化学、地质等领域取得成功，推动人工智能走入应用发展的新高潮。

低迷发展期（20 世纪 80 年代中—90 年代中）：随着人工智能的应用规模不断扩大，专家系统存在的应用领域狭窄、缺乏常识性知识、知识获取困难、推理方法单一等问题逐渐暴露出来，导致人工智能发展再次陷入低迷。

稳步发展期（20 世纪 90 年代中—2010 年）：随着网络技术特别是互联网技术的发展，对人工智能的创新研究明显加速，促使人工智能技术进一步走向实用化。1997 年 IBM 深蓝超级计算机战胜国际象棋世界冠军卡斯帕罗夫，2008 年 IBM 提出"智慧地球"的概念，都是这一时期的标志性事件。

蓬勃发展期（2011 年至今）：随着大数据、云计算、互联网、物联网等信息技术的发展，泛在感知数据和图形处理器等计算平台推动以深度神经网络为代表的人工智能技术飞速发展，诸如图像分类、语音识别、知识问答、人机对弈、无人驾驶等人工智能技术实现了从"不能用、不好用"到"可以用"的技术突破，迎来爆发式增长的新高潮。

## 三、人工智能的核心技术

### 1. 机器学习

机器学习的本质，是让计算机模拟人类的学习过程，从大量数据中挖掘规律，不断提升自身完成任务的能力。依据学习数据是否带有标记，机器学习主要分为监督学习、无监督学习和强化学习三类。

（1）监督学习：这类学习方法就像老师带着学生学习，数据集中的每个样本都有对应的标准答案，也就是标记。通过这些有标记的数据，计算机构建起输入信息与输出结果之间的关系模型。线性回归是监督学习中最基础的算法之一。例如，在预测房价时，输入特征可能包括房屋面积、房间数量等，记为 $x = [x_1, x_2, \cdots, x_n]$。线性回归模型假设输出与输入之间存在线性关系，假设线性函数为 $h_\theta(x) = \theta_0 + \theta_1 x_1 + \theta_2 x_2 + \cdots + \theta_n x_n = \sum_{i=0}^{n} \theta_i x_i$，其中 $\theta_i$ 是模型需要确定的参数。为了找到最合适的参数，在训练阶段，可以通过最小化均方误差损失函数 $J(\theta) = \frac{1}{2m} \sum_{i=1}^{m} (h_\theta(x_i) - y_i)^2$，$m$ 代表样本数量，$y_i$ 是样本的真实标签，通过训练让模型预测值与真实值尽可能接近。

（2）无监督学习：无监督学习面对的是没有标记的数据，就像让学生自己探索知识。在这个过程中，计算机主要挖掘数据内部潜在的结构和模式。$K$ 均值聚类是无监督学习中常用的算法，以给一群人按身高、体重分类为例，该算法会将数据点划分成 $K$ 个簇。算法的目标是让每个数据点到其所属簇质心的距离平方和最小，目标函数为 $J = \sum_{i=1}^{m} \min_{j=1,2,\cdots,k} \| x_i - u_j \|^2$，其中 $u_j$ 表示第 $j$ 个簇的质心，通过反复迭代更新质心位置，降低目标函数值，完成数据聚类。

（3）强化学习：在强化学习过程中，计算机扮演一个不断尝试的探索者角色，在特定环境中持续采取行动，根据环境反馈的奖励信号，逐渐学会最优的行为策略。马尔可夫决策过程（Markov decision process，MDP）是强化学习的重要理论框架，状态转移概率 $P_{ss'}^a = P(s_{t+1} = s' \setminus s_t = s, a_t = a)$，它表明智能体在状态 $s$ 下执行动作 $a$ 后，转移到状态 $s'$ 的概率。智能体的策略 $\pi(a|s)$ 决定了在状态 $s$ 时选择动作 $a$ 的概率。价值函数 $V^\pi(s) = E[\sum_{t=0}^{\infty} \gamma^t R_{t+1} | s_0 = s, \pi]$ 用来评估在策略 $\pi$ 下，从状态 $s$ 开始能获得的长期累积奖励，$\gamma$ 是折扣因子，取值在[0,1]之间，它反映了智能体对未来奖励的重视程度。

## 2. 深度学习

深度学习是机器学习的一个分支领域，它借助包含多个层次的神经网络，自动从海量数据中提取复杂的特征表示。

（1）卷积神经网络（convolutional neural network，CNN）：CNN 在图像识别领域发挥了重要作用，以识别手写数字为例，它能够快速准确地判断出图片中的数字。经典的 LeNet-5 模型由卷积层、池化层和全连接层组成。卷积层通过卷积核与输入图像进行卷积运算，提取图像的局部特征，生成特征图，计算公式为 $c_{i,j} = \sum_{m,n} W_{m,n} \times I_{i+m,j+n} + b$，其中 $c_{i,j}$ 为特征图的元素，$W_{m,n}$ 为卷积核的元素，$I_{i+m,j+n}$ 为输入图像的对应元素，$b$ 为偏置。池化层一般采用最大池化或平均池化操作，降低特征图的分辨率，减少计算量，同时保留关键特征。全连接层用于将提取的特征进行综合。

（2）循环神经网络（recurrent neural network，RNN）：RNN 特别适合处理如语音、文本这样的序列数据，因为它能记住之前时间步的信息。以翻译句子为例，每个单词的翻译可能依赖于前面已经翻译的内容。标准 RNN 在每个时间步更新隐藏层状态，公式为 $h_t = \sigma(W_{hh}h_{t-1} + W_{xh}x_t + b_h)$，其中 $\sigma$ 为激活函数，$W_{hh}$ 为隐藏层到隐藏层的权重矩阵，$W_{xh}$ 为输入层到隐藏层的权重矩阵，$x_t$ 为输入序列的每一个时间步数据，$b_h$ 为偏置。但标准 RNN 在处理长序列时，容易出现梯度消失或梯度爆炸问题，为此，长短时记忆网络（long short term memory，LSTM）和门控循环单元（gated recurrent unit，GRU）等变体模型被开发出来，以更好地处理长距离依赖关系。

## 3. 自然语言处理

自然语言处理旨在让计算机理解和生成人类使用的自然语言，打破人与计算机之间的语言障碍。

（1）词袋模型：词袋模型把文本看作一个袋子，里面装着各种单词，不考虑单词的顺序。以分析电影评论为例，它将文本表示为向量，向量的每个维度对应词典中的一个词，其值表示该词在文本中出现的频率。假设词典大小为 $V$，文本 $D$ 对应的向量 $v = [v_1, v_2, \cdots, v_v]$，$v_i$ 就是第 $i$ 个词在文本 $D$ 中的词频。这种简单的模型在一些文本分类任务中能取得不错的效果。

（2）Transformer 模型：Transformer 模型基于自注意力机制，已成为自然语言处理领域的主流模型。以机器翻译为例，自注意力机制通过计算查询（query）、键（key）和值（value）矩阵之间的关系，确定输入序列中各个元素的权重，自注意力分数计算公式

为 $Attention(Q,K,V)=soft\max\left(\dfrac{QK^{\mathrm{T}}}{\sqrt{d_k}}\right)V$ ，其中 $Q$、$K$、$V$ 分别为查询、键、值矩阵，$d_k$ 为键向量的维度。Transformer 模型通过多头注意力机制，并行计算多个注意力头，大大提升了模型对文本中不同位置信息的捕捉能力。

### 4. 计算机视觉

计算机视觉研究如何让计算机看懂图像和视频，像人一样理解其中的内容。

（1）目标检测：目标检测的任务是在图像中找到多个感兴趣的目标，并识别它们的类别。以安防监控为例，Faster R-CNN 是经典的目标检测模型，由区域建议网络（region proposal network，RPN）和 Fast R-CNN 检测网络组成。RPN 通过滑动窗口在特征图上生成一系列锚框，然后根据锚框与真实目标框的交并比（IoU）来筛选候选框，其计算公式为 $IoU=\dfrac{Area(A\cap B)}{Area(A\cup B)}$ ，$A$ 和 $B$ 分别代表两个框的面积。Fast R-CNN 网络则对筛选出的候选框进行分类和位置精修，确定目标的类别和准确位置。

（2）图像分割：图像分割是将图像划分为多个区域，为每个像素都分配一个类别标签。以医学图像分析为例，U-Net 模型是常用的图像分割模型，它采用 U 形结构，收缩路径用于提取图像的高级特征，扩张路径通过上采样操作恢复图像的分辨率，最终实现像素级的分类，将不同的组织或器官分割出来。

### 5. 知识表示与推理

知识表示与推理用于帮助计算机存储人类知识，并运用这些知识进行决策，模拟人类的思考过程。

（1）产生式规则：产生式规则以"IF 条件 THEN 动作"的形式表达知识，非常直观。例如在一个简单的动物识别系统中，规则"IF 动物有羽毛 THEN 该动物是鸟类"，系统在运行时，会将输入的事实与规则库中的条件进行匹配，当条件满足时，就触发相应的动作，进行推理。

（2）语义网络：语义网络用节点表示概念，用边表示概念之间的关系，从而构建知识图谱。例如，"狗"节点通过"是一种"边与"哺乳动物"节点相连。当计算机需要进行知识推理时，通过遍历知识图谱，找到相关概念之间的联系，得出结论。

### 6. 机器人学

机器人学融合机械工程、电子工程、计算机科学等多个学科的知识，赋予机器人感知、决策和行动的能力，让它们能够在各种环境中完成任务。

运动学模型：运动学模型描述了机器人关节的运动与末端执行器运动之间的关系。以两轮差速机器人为例，其运动学方程为 $\begin{cases} x=v\cos\theta \\ y=v\sin\theta \\ \theta=\dfrac{v_r-v_l}{L} \end{cases}$ ，其中 $(x,y)$ 表示机器人在平面上的位置，$\theta$ 表示机器人的朝向，$v$ 为线速度，$v_r$ 和 $v_l$ 分别为右轮和左轮的线速度，$L$ 为两轮之间的间距。通过控制两轮的速度，就可以实现机器人在平面上的各种运动。

## 四、人工智能的应用场景

人工智能技术是当今科技领域中的热门话题，它已经在各个行业中得到了广泛应用，并且在不断地发展和创新，给人们的生活带来质的改变。

### 1. 医疗健康

人工智能技术在医疗健康领域中有很多应用。例如，利用机器学习技术对医学图像进行分析和诊断，能够帮助医生提高诊断的准确性和效率。利用自然语言处理技术，可以实现医疗记录的自动化整理和分析，辅助医生进行诊疗决策。此外，人工智能还可以应用于疾病预测、药物研发等方面，为医疗健康行业带来更多的机遇和挑战。

### 2. 金融服务

人工智能技术在金融服务领域中也有很多应用。例如，利用机器学习技术进行风险评估和信用评估，可以帮助金融机构提高贷款审批的效率和准确性。利用自然语言处理技术，可以实现对财经新闻和市场数据的分析和预测，辅助投资决策。此外，人工智能还可以应用于反欺诈、保险理赔等方面，为金融服务行业带来更多的机遇和挑战。

### 3. 制造业

人工智能技术在制造业中也有很多应用。例如，利用计算机视觉技术进行自动化检测和质量控制来提高产品的生产效率和质量水平；通过机器学习技术，实现智能制造和智能物流，减少人工干预和资源浪费。此外，人工智能还可以应用于故障诊断和维护，实现智能化的设备管理和优化。

### ▌关联图谱

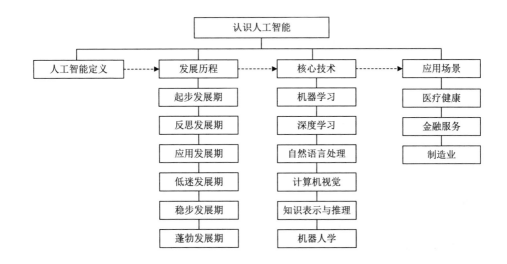

自 测 习 题

## 一、选择题

1. 人工智能的英文缩写是（　　　）。
   A. AI　　　　　　　　B. IT　　　　　　　　C. IoT　　　　　　　　D. VR
2. 以下不属于人工智能研究领域的是（　　　）。
   A. 机器学习　　　　　　　　　　B. 计算机图形学
   C. 自然语言处理　　　　　　　　D. 知识表示与推理
3. 人工智能的主要目标之一是使计算机能够（　　　）。
   A. 进行高速数值计算　　　　　　B. 存储大量数据
   C. 模拟人类智能行为　　　　　　D. 快速传输信息
4. 以下不属于人工智能核心技术的是（　　　）。
   A. 数据库管理技术　　　　　　　B. 机器学习
   C. 自然语言处理　　　　　　　　D. 计算机视觉
5. 以下（　　　）领域中，AI 抠图应用最为广泛。
   A. 医疗影像诊断　　　　　　　　B. 工业自动化生产
   C. 电子商务产品图片处理　　　　D. 天文观测数据分析
6. AI 抠图与（　　　）技术结合，可以实现自动更换图片背景。
   A. 图像生成　　　　B. 数据加密　　　　C. 语音识别　　　　D. 运动控制

## 二、简答题

1. 简述人工智能在医疗领域的应用及优势，并举例说明可能遇见的挑战。
2. 机器学习不同类型如何区分？
3. 卷积神经网络的卷积层和池化层分别有什么作用？

# 任务三　认识区块链

### ⚡ 任务概述

区块链主要解决的是交易的信任和安全问题，是比特币、数字人民币的底层技术，小李同学迫切想学习区块链相关知识。

### ⚡ 任务目标

#### 📖 知识目标

1. 理解区块链的定义、工作原理和核心技术。
2. 了解区块链的应用场景。

📖**技能目标**

1. 利用区块链帮助决策。
2. 学会使用区块链的相关工具进行数据分析。

📖**素养目标**

1. 具备区块链技术的风险意识，能够识别和防范潜在的安全风险和法律问题。
2. 培养对区块链技术的创新思维，能够思考其在解决实际问题中的新应用。
3. 树立正确的区块链价值观，不参与非法或不良的区块链应用活动，积极推动其健康发展。

## ⚡ 相关知识

### 一、区块链的定义

区块链是一种创新的信息技术。它是一个去中心化的分布式数据库，由按时间顺序相连的区块组成，每个区块包含一段时间内的交易数据。其数据通过加密技术保证安全，难以被篡改。区块链依靠共识机制，由众多节点共同维护账本的一致性。它消除了对中心化机构的依赖，实现了信息的透明、可追溯和不可篡改。例如在金融领域，能确保交易准确且无法被随意更改；在供应链中，能清晰追踪商品的全流程信息。区块链正广泛应用于多个领域，重塑着传统的业务模式和信任体系。

### 二、区块链的工作原理

区域链是分布式数据存储，点对点传输、共识机制、加密算法等计算机技术的综合应用模式。

（1）数据的存储方式。区块链中的数据以区块的形式进行存储，每个区块就像一个存储单元，包含了一定时间内的交易记录或其他相关信息。新的数据产生后，会被打包进一个新的区块。在这个过程中，会使用加密哈希函数为这个新区块生成一个独特的哈希值。这个哈希值是根据区块内的数据计算得出的，具有唯一性和确定性，哪怕区块内的数据有最微小的改动，哈希值都会完全不同。

（2）区块链的链式结构。每个新区块都会包含上一个区块的哈希值，通过这种方式，区块之间依次链接，形成了一条不可篡改的链条。如果有人试图篡改某个区块中的数据，那么其后所有区块的哈希值都会发生变化，这在庞大的分布式网络中几乎是不可能实现的。

（3）区块链的分布式记账特性确保了数据的安全性和可靠性。网络中的众多节点都保存着完整的区块链副本，而非依赖单一的中央服务器。这意味着即使部分节点出现故障或遭到攻击，整个区块链系统依然能够正常运行，数据不会丢失。

（4）为了决定哪些新的区块能够被添加到区块链上，需要依靠共识机制。常见的共识机制如工作量证明，要求节点通过大量的计算来竞争解决一个复杂的数学难题，最先解决的节点有权添加新区块，并获得一定的奖励。

（5）智能合约也是区块链工作原理的重要组成部分。智能合约是预先编写好的、自动执行的合约条款，当满足特定条件时，合约会自动执行相应的操作，无须人工干预，大大提高了业务流程的效率和准确性。

综上所述，区块链通过独特的数据存储、链式结构、分布式记账、共识机制和智能合约等原理的协同作用，实现了去中心化、安全、不可篡改和高效的数据管理和价值传递。

### 三、区块链与价值互联网

在当今数字化时代，区块链技术正逐渐成为构建价值互联网的关键基石。区块链作为一种去中心化、不可篡改且安全可靠的技术，为价值的传递和交换提供了全新的模式。它打破了传统互联网中信息传递与价值传递分离的局面，使得价值能够像信息一样在网络中高效、安全地流动。

在传统互联网中，价值的转移往往依赖于中心化的机构，如银行、支付平台等，这不仅效率低，还存在着诸多风险。区块链通过分布式记账和智能合约等技术，实现了点对点的价值传输，无须第三方中介的参与。例如，跨境支付通过区块链技术能够大幅缩短交易时间，降低手续费，让资金能够更快、更便宜地到达目的地。同时，区块链上的智能合约能够自动执行交易条款，确保交易的公平性和准确性，减少了人为干预和潜在的欺诈风险。此外，区块链还为数字资产的创建、管理和交易提供了有力的支持。无论是数字版权、虚拟货币还是其他形式的数字价值，都可以在区块链上得到清晰的确权和高效的流转。

区块链正在深刻地改变着我们对价值传递和交换的认知与方式，推动着价值互联网不断走向成熟和繁荣。

### 四、区块链的应用场景

区块链是一种去中心化的数据库技术，具有分布式、不可篡改、共识机制等特点，可以应用于多个领域，为这些领域提供更加安全、透明、高效的解决方案。以下是一些常见的区块链应用场景。

#### 1. 供应链管理

供应链管理能够达成供应链信息的完全透明和不可篡改。通过这种方式，极大地提高了供应链的可追溯性与透明度，有效减少了信息不对称的情况，显著降低了信任成本，使供应链的各个环节更加清晰、可控。

#### 2. 身份认证

区块链技术具备实现去中心化身份认证的能力。它摒弃了传统集中式认证的模式，避免了单点故障和数据泄露风险。通过加密算法和分布式账本，确保个人身份信息的安全和隐私，让用户对自身信息拥有更高的掌控权和自主权。

#### 3. 金融服务

区块链技术能够实现去中心化的金融交易和支付。在这个过程中，它消除了传统金融机构作为中介的必要性，大大提高了金融交易的速度。同时，凭借其加密和分布式记账的特性，显著增强了交易的安全性，降低了金融交易成本。例如虚拟货币比特币，就基于区块链技术，为用户提供了更便捷的支付选择。

**关联图谱**

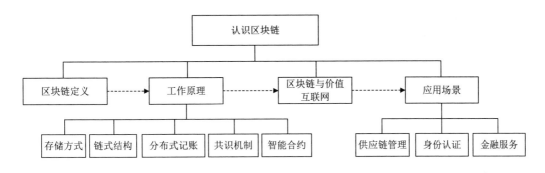

**自 测 习 题**

**一、选择题**

1. 区块链技术的核心特点是（　　）。

　A. 匿名性　　　　　B. 不可篡改性　　　　C. 去中心化　　　D. 高速度传输

2. 智能合约是（　　）。

　A. 一份具有法律效力的合同

　B. 一种自动执行合同条款的计算机协议

　C. 一种用于数字货币交易的软件

　D. 一种保护用户隐私的工具

3. 以下不是区块链特点的是（　　）。

　A. 去中心化　　　B. 不可篡改　　　　C. 高并发　　　　D. 透明性

4. 在区块链中，比特币采用的共识机制是（　　）。

　A. 权益证明（PoS）　　　　　　　　B. 工作量证明（PoW）

　C. 委托权益证明（DPoS）　　　　　D. 实用拜占庭容错（PBFT）

5. 以下关于公有区块链的说法，正确的是（　　）。

　A. 只有特定的机构可以参与记账　　B. 数据隐私性最强

　C. 参与节点最多，完全去中心化　　D. 主要用于企业内部的数据管理

6. 区块链中，数据存储在（　　）。

　A. 中央服务器　　　　　　　　　　B. 每个节点的本地账本

　C. 云存储平台　　　　　　　　　　D. 专门的数据仓库

7. 区块链技术在数字人民币体系中的主要作用是（　　）。

　A. 加速货币的流通速度

B. 提供分布式账本，确保交易记录的可信性

C. 决定货币的发行量

D. 改变货币的面值

8. 以下不是区块链技术在数字人民币应用中优势的是（　　）。

A. 高能耗，与传统支付方式相比消耗更多能源

B. 提升交易透明度

C. 增强系统的安全性

D. 更好地进行交易追溯

9. 区块链技术应用于数字人民币后，对反洗钱工作的主要帮助是（　　）。

A. 使洗钱行为更难被发现

B. 通过交易记录追溯，更好地监管资金流向

C. 增加洗钱的成本

D. 完全杜绝洗钱现象

10. 数字人民币采用的技术架构中保证交易的安全性和不可篡改性的是（　　）。

A. 区块链技术      B. 虚拟现实技术

C. 量子计算技术      D. 基因编辑技术

## 二、简答题

举例描述区块链在生活中的应用。

# 任务四　了解第五代移动通信技术

## 任务概述

第五代移动通信技术（fifth generation of mobile communications technology，5G）带来了前所未有的变革，无论是智能交通、远程医疗还是工业互联网，5G 都在推动各领域的创新发展。小李同学对 5G 最直观的感受就是网上冲浪更顺畅了，体验也更好了！本任务一起学习 5G 的相关知识。

## 任务目标

### 知识目标

1. 理解第五代移动通信技术的概念。

2. 掌握第五代移动通信技术的关键技术。

3. 了解第五代移动通信技术的应用场景。

### 技能目标

1. 应用 5G 网络解决实际问题。

2. 学会利用 5G 网络进行大数据的传输和处理，实现数据的快速分析和应用。

📖 **素养目标**

1. 培养对 5G 发展的持续关注和学习意识，积极跟进其最新动态和趋势。
2. 树立在 5G 应用开发中的创新精神，能够提出独特且有价值的应用设想。
3. 增强在 5G 相关领域的合作意识，与团队成员共同推动技术的应用和发展。

⚡ **相关知识**

### 一、第五代移动通信技术

第五代移动通信技术即 5G，是通信领域的重大突破。5G 具有高速率、低时延和大容量连接的显著优势。其下载速度可达每秒数吉比特，比 4G 快数十倍，能轻松应对高清视频、虚拟现实等大流量需求。低至 1 毫秒的时延，让远程操控、自动驾驶等对响应速度要求极高的应用得以实现。同时，5G 能够连接海量设备，满足物联网时代万物互联的需求。5G 技术的出现，不仅提升了人们的生活品质，更为经济增长和社会发展注入强大动力，开启了一个充满无限可能的新时代。

### 二、5G 的关键技术

5G 之所以能够实现高速率、低延迟和大容量连接等出色性能，得益于以下关键技术。

- 大规模多输入多输出技术：在基站和移动设备上配置大量的天线，这一创新举措极大地提高了频谱效率和数据传输速率。众多天线协同工作，能够同时处理多个数据流，有效地增强了信号的强度和稳定性，从而为用户提供更快速、更稳定的数据传输体验。
- 毫米波通信：通过使用高频段的毫米波频段，为 5G 网络提供了更宽阔的频谱资源。相比传统频段，毫米波频段拥有更丰富的频谱带宽，这使得 5G 能够实现极高的传输速度，满足用户对于高清视频流、大型文件下载等高速数据传输需求。
- 超密集组网：通过显著增加基站的密度，减小小区半径，大幅提升了系统容量和覆盖范围。在人口密集的区域，如城市中心、商业园区等，超密集组网能够确保每个用户都能享受到高质量的 5G 信号，减少信号拥堵和中断的情况。
- 全双工技术：实现了同时同频的双向通信，这一突破大幅提高了频谱利用率。传统通信方式中，上行和下行通信往往需要在不同的时间或频段进行，而全双工技术打破了这一限制，使得频谱资源得到了更充分的利用，进一步提升了 5G 网络的性能。
- 边缘计算：将计算和存储能力下沉到网络边缘，显著减少了数据传输延迟。在诸如自动驾驶、远程医疗等对延迟极其敏感的应用场景中，边缘计算能够确保数据在本地快速处理和响应，满足低延迟应用的严格需求。

这些关键技术相互协作、相辅相成，形成了一个强大的技术体系，使得 5G 能够满足多样化的应用需求，有力地推动了各行业的数字化转型和创新发展，为社会带来前所未有的变革和进步。

### 三、5G 的应用场景

5G 技术凭借其高速率、低延迟和大容量连接的显著特性，正在为众多领域注入强大的创新动力，并引发深刻的变革，如智能交通、医疗健康、工业制造、娱乐产业等。

1. 智能交通

5G 应用于智能交通，实现了车辆与车辆、车辆与基础设施之间的实时通信，支持自动驾驶和智能交通管理，减少交通事故，提高交通效率。例如，远程控制自动驾驶汽车，实时传输大量的路况和车辆数据。

2. 医疗健康

远程医疗手术成为可能，医生可以通过 5G 网络实时操控机器人进行手术。同时，医疗设备之间能够快速传输患者的监测数据，实现更精准的诊断和治疗。

3. 工业制造

工厂内的设备可以实现无缝连接和协同工作，提高生产效率和质量控制。例如，通过 5G 连接的机器人进行高精度的组装工作。

4. 娱乐行业

5G 在娱乐行业的应用如 8K 高清视频直播、云游戏等。用户无须下载大型游戏，直接通过云端就能畅享高质量的游戏体验。

**▌▌ 关联图谱** ▬▬▬▬▬▬▬▬▬▬▬▬

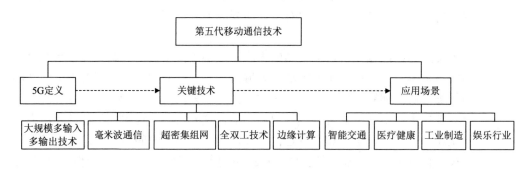

**自 测 习 题**

### 一、选择题

1. 5G 网络是第（　　　）代移动通信技术。
    A. 二        B. 三        C. 四        D. 五

2. 5G 网络的理论峰值速率相比 4G 网络提升了（　　　）。

A. 10～20 倍　　　　B. 50～100 倍　　　C. 100～200 倍　　　D. 1000 倍以上

3. 以下对 5G 网络的大容量连接特性需求最高的是（　　　）。

    A. 高清视频直播　　　　　　　　　　B. 智能家居系统

    C. 虚拟现实游戏　　　　　　　　　　D. 远程医疗手术

4. 5G 网络的基站密度相比 4G 网络（　　　）。

    A. 基本相同　　　　B. 稍低　　　　C. 大幅降低　　　　D. 更高

5. 5G 网络在工业互联网中的应用主要体现为（　　　）。

    A. 提高办公效率　　　　　　　　　　B. 实现远程监控和设备管理

    C. 优化员工福利制度　　　　　　　　D. 改善工厂建筑外观

6. 在 5G 网络中，网络切片技术的主要作用是（　　　）。

    A. 增加网络带宽

    B. 降低网络成本

    C. 为不同的应用提供定制化的网络服务

    D. 提高网络的抗干扰能力

7. 以下关于 5G 网络安全的说法，正确的是（　　　）。

    A. 5G 网络安全威胁比 4G 网络小

    B. 5G 网络采用了全新的安全架构，比 4G 网络更安全

    C. 5G 网络的安全主要依赖于用户设备的安全性

    D. 5G 网络安全和 4G 网络安全措施基本相同

## 二、简答题

结合实际，简单描述 5G 给我们的生活带来了哪些改变。

# 信息检索与信息素养

信息检索是指将信息按一定的方式组织和存储，并根据用户需要找出有关信息的过程与技术，包括对文献、数据、事实等多种类型信息的查找。按检索对象可分为文献型、数据型和事实型检索等。检索方式有手工检索与机器检索，前者借助工具书，准确性高但速度慢、工作量大；后者利用计算机等设备，速度快、全面性高，但存在结果质量参差不齐等问题。良好的信息素养帮助人们准确地检索、评估和使用信息。具有信息素养的人可以高效地从海量信息中筛选出有价值的内容，为学习、工作和生活提供支持。同时，社会责任也不可忽视。在传播和利用信息时，应遵守道德规范，不传播虚假信息、不侵犯他人隐私，以正确的态度对待信息，积极发挥信息的正面作用，为构建健康、和谐的信息社会贡献自己的力量。

## 任务一　掌握信息检索的方法

### ⚡ 任务概述

小李同学是一名大四学生，在撰写毕业论文时，他通过百度、知网等网站搜索了很多参考论文。有时小李同学能够获得想要的内容，有时搜索结果不是很理想。小李同学希望深入学习更多信息检索的方法，进而快速、准确地搜索到自己所需的信息。

### ⚡ 任务目标

📖**知识目标**

1. 了解信息检索的定义和分类。

2. 掌握常见的信息检索策略。

📖**技能目标**

1. 熟练使用各种信息检索工具，如搜索引擎、数据库、图书馆目录等，快速、准确地获取所需信息。

2. 掌握信息筛选的方法和策略，能够从大量的检索结果中筛选出有价值的信息，并进行整理和归纳。

📖**素养目标**

1. 培养学生信息分析和运用的能力，能够根据检索到的信息进行分析和研究，为学习、工作和生活提供支持。

2. 提高学生的自主学习能力和创新能力，通过信息检索，学生可以自主获取知识，开展研究和创新活动。

3. 培养学生的团队合作精神和沟通能力，在信息检索过程中，学生可以与同学、教师进行交流和合作，共同解决问题。

## 相关知识

### 一、信息检索的定义

信息检索是指将信息按一定的方式组织和存储起来，并根据用户的需求找出相关信息的过程。

#### 1. 狭义的信息检索

狭义的信息检索是指用户通过使用检索工具或系统，采用特定的检索策略和方法，从信息资源集合中查找和获取所需信息的过程。

#### 2. 广义的信息检索

广义的信息检索包含两个过程：一是信息的标引和存储过程，二是信息的分析和检索过程。也就是说，广义的信息检索不仅包括用户查找信息的行为，还包括对信息进行整理、分类、存储等前期工作，以便后续能够更高效地被检索和使用。

### 二、信息检索的分类

#### 1. 按检索对象分

- 文献型信息检索：以文献为检索对象，检索结果是文献线索或具体的文献。
- 数据型信息检索：从各种数值数据库和统计数据库存储的数据中查找用户所需的数据信息，检索结果包括各种参数、调查数据、统计数据、图表、图谱、化学分子式等可直接使用的科学数据。
- 事实型信息检索：以某一客观事实为检索对象，检索结果主要是客观事实或为说明客观事实而提出的数据。通常需要借助各种参考工具书及事实型数据库，有时还需通过文献检索系统，且检索结果常需要归纳多篇相关的文献和统计数据才能得出。

#### 2. 按检索方式分

- 手工检索：手工检索是一种传统的信息检索方式，主要是指检索者通过人工手动操作来利用各种印刷型检索工具书，如书目、索引、文摘等，以查找所需信息的过程。
- 计算机检索：是指利用计算机系统，通过特定的检索软件和数据库，按照一定的检索策略和规则，对存储在计算机存储设备（如硬盘、服务器等）中的大量信息进行查找，以获取用户所需信息的检索方式。

## 三、常用检索策略

### 1. 布尔逻辑检索

布尔逻辑检索是一种基于布尔代数的检索策略，通过使用逻辑运算符"与（AND）""或（OR）""非（NOT）"来组合检索词，以精确地表达检索需求并控制检索结果。

（1）"与（AND）"运算：表示检索结果必须同时包含所有用"与（AND）"连接的检索词。例如，在学术数据库中检索"人工智能与医疗应用"，系统会返回既包含"人工智能"又包含"医疗应用"主题的文献。"与（AND）"运算可以缩小检索范围，提高检索结果的准确性，适用于需要查找同时满足多个条件的信息。

（2）"或（OR）"运算：表示检索结果只要包含用"或（OR）"连接的检索词中的一个或多个即可。例如，检索"物联网或车联网"，系统会返回包含"物联网"主题或者"车联网"主题或者两者都包含的文献。"或（OR）"运算可以扩大检索范围，增加查全率，尤其适用于检索词有同义、近义关系或者需要查找相关主题的情况。

（3）"非（NOT）"运算：表示检索结果包含前面的检索词，但不包含后面用"非（NOT）"连接的检索词。例如，检索"文学作品非科幻小说"，系统会返回所有"文学作品"主题的文献，但排除"科幻小说"主题的文献。"非（NOT）"运算可以排除不相关的内容，使检索结果更符合特定需求，但如果使用不当，可能会导致漏检重要信息。

### 2. 截词检索

截词检索是一种在信息检索中用于扩大检索范围的技术。它是指在检索词的适当位置截断，然后使用截词符来代替被截断部分进行检索的方法。通过这种方式，可以检索出具有相同词干的一系列词汇，从而提高检索效率，避免遗漏相关词汇。截词检索广泛用于英文检索，常用的截词符号有"*""？""$"。

（1）右截词：截词符号放在检索词的右侧，用于查找以该词干开头的所有词汇。例如，使用"comput?"作为检索词，可能会检索出"computer（计算机）""computing（计算）""computation（计算；运算）"等词汇。

（2）左截词：截词符号放在检索词的左侧，用于查找以该词干结尾的所有词汇。例如，"?ology"可以检索出"biology（生物学）""sociology（社会学）""psychology（心理学）"等以"ology"结尾的词汇。

（3）中间截词：截词符号放在检索词的中间，用于查找词干中间部分相同的词汇。例如，"colo#r"可以检索出"color"（美式拼写）和"colour"（英式拼写）。

### 3. 位置检索

位置检索是指定检索词在文献中的位置关系的检索策略，它可以更精确地控制检索结果，使检索出的文献更符合用户的要求。这种检索策略对于查找具有特定短语结构、相邻词关系或词序要求的信息非常有用。

（1）邻近检索（W/n）：表示两个检索词在文献中相隔不超过 n 个词，且词序可以颠倒。例如，检索"环境（W/3）保护"，系统会返回"环境保护""保护好环境"等检索词之间相隔不超过三个词的文献。其中"W"代表"With"，表示两个词相邻或相隔一定数量的词。

（2）顺序检索（PRE/n）：表示两个检索词在文献中相隔不超过 n 个词，且词序固定。例如，检索"信息（PRE/2）检索"，系统会返回"信息检索""信息的检索"等检索词之间相隔不超过两个词且顺序为"信息"在前、"检索"在后的文献。其中"PRE"代表"Preceding"，强调前一个词在顺序上先于后一个词。

### 4. 字段检索

字段检索是指在数据库的特定字段（如标题、作者、关键词、摘要、出版日期等）中进行检索的策略。不同的字段对于文献的描述和定位有着不同的作用，通过指定字段检索，可以更有针对性地获取信息。

（1）标题字段检索：标题是文献的名称，通常简洁地概括了文献的核心内容。在标题字段中检索可以找到标题中包含特定关键词的文献，这些文献往往与检索主题高度相关。

（2）作者字段检索：用于查找特定作者的文献。这对于追踪某一学者的研究成果、了解其学术贡献以及查找合作研究情况非常有用。

（3）关键词字段检索：关键词是文献作者或数据库标引人员从文献内容中提取出来的、能够反映文献主题的词汇。使用关键词字段检索可以快速找到在主题概念上与检索词匹配的文献。

**关联图谱**

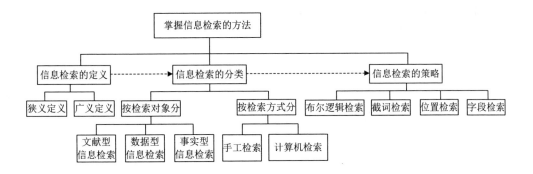

**自测习题**

## 一、选择题

1. 信息检索中，布尔逻辑运算符包含（　　）。

A. 与、或、非　　　　　　　　　　　B. 只、和、但

C. 加、减、乘　　　　　　　　　　　D. 是、否、也许

2. 在进行信息检索时，不必要的步骤是（　　　）。

  A. 选择检索工具　　　　　　　　B. 确定检索词

  C. 评估检索结果　　　　　　　　D. 随意选择关键词

3. 以下不是信息检索基本原则的是（　　　）。

  A. 完整性　　　　B. 随意性　　　　C. 准确性　　　　D. 经济性

4. 搜索引擎中，使用"+"号的作用是（　　　）。

  A. 表示搜索结果必须包含"+"后面的词

  B. 表示搜索结果可以不包含"+"后面的词

  C. 表示搜索结果必须不包含"+"后面的词

  D. 表示搜索结果与"+"后面的词无关

5. 下列不是信息检索步骤的是（　　　）。

  A. 需求分析　　　　　　　　　　B. 选择检索词

  C. 随意浏览　　　　　　　　　　D. 检索结果评估

6. 在百度搜索引擎中，要实现字段的精准检索，可以用（　　　）来限定。

  A. ""（双引号）　　　　　　　　B. （）（括号）

  C. +（加号）　　　　　　　　　　D. -（减号）

7. 以下不是文件检索一般要求的是（　　　）。

  A. 检索时间要短　　　　　　　　B. 参考价值要大

  C. 检出文献要多　　　　　　　　D. 检索花费要少

8. 逻辑或运算符是用来组配（　　　）。

  A. 不同检索概念，用于扩大检索范围

  B. 相近检索概念，扩大检索范围

  C. 不同检索概念，用于缩小检索范围

  D. 相近检索概念，缩小检索范围

9. 检索语言是指描述检索系统中文献信息特征及表达用户提问的一种（　　　）语言。

  A. 专门　　　　　B. 自然　　　　　C. 分类　　　　　D. 主题

10. 广义的信息检索包含（　　　）两个过程。

  A. 检索与利用　　　　　　　　　B. 存储与检索

  C. 存储与利用　　　　　　　　　D. 检索与报道

## 二、简答题

1. 简述信息检索的基本步骤。

2. 在数据库检索中，当检出的文献数量较少时，分析其可能的原因以及解决方法。

# 任务二　认识信息素养与社会责任

## 任务概述

在信息时代，信息素养与社会责任紧密相连，拥有良好信息素养的人，能正确获取、评估和利用信息。小李同学在这方面做得很好，在网络上发表评论时，会针对内容给出恰当、礼貌的评价，不会乱宣泄情绪；也会自觉抵制虚假信息的传播，尊重他人信息隐私。当然，小李同学认为自己在信息素养和社会责任方面还有很多提升的空间，本任务就让我们和小李同学一起来学习信息素养的基本知识，从而更好地履行社会责任。

## 任务目标

### 📖 知识目标

1. 了解信息素养的概念和要素。

2. 认识信息素养在各个领域的重要性。

### 📖 技能目标

1. 掌握信息素养的含义和组成要素。

2. 认识信息素养与社会责任感的重要性。

信息安全（拓展）

### 📖 素养目标

1. 提高学生信息素养和社会责任感，做有素质有道德的网络公民。

2. 注重信息素养的实践应用，让学生在实际生活和学习中运用所学的信息知识和技能解决问题。

## 相关知识

### 一、信息素养的含义

信息素养是指个人能够认识到何时需要信息，并且能够有效地检索、评估和利用信息的综合能力。这意味着一个具有良好信息素养的人，知道自己需要什么样的信息来解决问题、完成任务或者满足好奇心，同时可以熟练运用各种工具和方法去获取这些信息。在获取之后，还能够批判性地评估信息的可靠性、准确性和相关性，最后将合适的信息合理地运用到实际情境之中。

### 二、信息素养的要素

信息素养包含技术和人文两个层面的含义，由信息意识、信息知识、信息能力、信息道德四大要素组成。

1. 信息意识

信息意识是信息素养的前提。它是指个体对信息的敏感度和洞察力，包括对信息价值的认识以及对信息需求的自我意识。例如，一名科研人员能够敏锐地察觉到自己研究领域的最新动态信息可能会对研究有重大价值，这就是良好信息意识的体现。在日常生活中，具有信息意识的人会主动关注新闻、行业动态等各种信息源，因为他们明白这些信息可能会在某些时候发挥作用。

2. 信息知识

信息知识是信息素养的基础。它包括对信息的基本概念、信息源的类型和特点、信息检索工具的使用方法等知识的了解，如了解图书馆的分类系统（如杜威十进分类法或中国图书馆分类法），了解搜索引擎的工作原理，掌握数据库的检索技巧等。这些知识能够帮助人们更有效地获取信息。例如，在学术研究中，学生需要了解学术数据库的结构和检索方式，才能在众多的学术文献中找到自己所需的研究资料。

3. 信息能力

信息能力是信息素养的核心部分，信息能力指人们有效利用信息知识、技术和工具来获取信息、分析与处理信息以及创新和交流信息的能力。

- 获取信息能力：能够根据自己的需求，选择合适的信息源和检索工具来查找信息。例如，对于学术研究要优先查找权威的学术数据库，如 IEEE Xplore（电气电子工程师学会数据库）用于电子工程领域的研究，而对于一般性的新闻资讯，会选择知名的新闻媒体网站，像英国广播公司、有线电视新闻网或者国内的新华网、人民网等。
- 处理信息能力：包括对信息的筛选、整理、分析和综合。信息筛选是指从大量的信息中筛选出与自己需求相关的内容，同时还能判断信息的质量，识别出虚假、误导性或过时的信息。对筛选后的信息进行分类和组织是信息整理的过程。信息分析包括对数据进行统计分析、文本内容进行语义分析等。信息综合则是在分析的基础上，将不同来源的信息整合在一起，形成新的见解或结论。例如，在研究城市交通拥堵问题时，综合交通流量数据、道路规划信息、公共交通运营情况等多方面的内容，提出一套综合性的交通改善方案。
- 交流信息能力：根据交流对象和目的以合适的方式将信息传递给他人。例如，向专业人士汇报科研成果时，一般会选择使用专业的术语和规范的格式撰写详细的学术论文。在向普通大众科普知识时，会采用通俗易懂的语言，制作生动的科普视频或者撰写科普文章。
- 创造信息能力：在已有信息的基础上，通过改进、重组等方式创造新的产品或价值。例如，在软件开发领域，参考现有的软件功能和用户反馈，开发出具有新特性和优势的软件产品。

4. 信息道德

信息道德是信息素养的重要准则。它是指在信息的获取、使用、传播过程中应该遵循的道德规范和法律法规。例如，在引用他人的研究成果时，要注明出处，避免抄袭；不能传播未经证实的谣言和有害信息；要尊重他人的隐私等。在网络环境下，信息道德尤为重要，因为信息传播速度快、范围广，不遵守信息道德可能会对他人和社会造成严重的损害。

## 三、信息素养在不同领域的重要性

### 1. 教育领域

对学生来说，具备信息素养有助于提高学生研究水平和培养批判性思维。学生在确定研究课题时，会通过检索文献来判断自己选题的新颖性。例如，一名大学生在研究人工智能在交通领域中的应用时，需要在 Web of Science、中国知网等专业的学术数据库中查找大量的相关文献，评估这些文献的可靠性和相关性，然后通过对文献信息的综合分析，找到自己研究的切入点。

对教师来说，具备信息素养有助于教师整合教学资源和教学方法创新。教师可以利用网络上丰富的教育资源，如教学课件、教学案例、模拟实验软件等，来丰富自己的课堂教学内容；也可以通过在线教学平台开展翻转课堂，让学生在课前通过观看教学视频等方式自主学习，课上进行讨论和答疑等。

### 2. 职业领域

在当今数字化的工作环境中，几乎所有职业都要求员工具备一定的信息素养。例如，在金融行业，员工需要及时获取和分析金融市场信息来做出投资决策；在新闻行业，记者要能够从海量的信息中筛选出有新闻价值的内容，并进行准确的报道。信息素养的高低直接影响到职业的发展和工作的效率。

### 3. 社会生活领域

在社会生活中，信息素养能够帮助人们更好地参与社会事务。例如，公民可以通过获取和理解政府政策信息来行使自己的民主权利，积极参与社会监督和公共事务的讨论。同时，在面对网络信息爆炸的时代，具备信息素养可以让人们避免受到虚假信息的误导，做出理性的判断和选择。

## 四、信息素养与社会责任

信息素养和社会责任紧密相连。具备较高信息素养的人更能意识到自己在信息传播和使用过程中对社会产生的影响，从而更好地履行社会责任。

一方面，良好的信息素养是正确履行社会责任的基础。当个体能够有效地获取、评估和利用信息时，他们可以在社会事务中发挥积极作用。例如，在面对公共卫生事件时，具备信息素养的人可以准确地获取官方发布的疫情信息、防控措施等，并且能够评估信息的可靠性，从而帮助身边的人正确理解情况，避免恐慌。

另一方面，社会责任的履行也要求人们不断提高自己的信息素养。在信息时代，信息传播迅速且广泛，不负责任的信息行为可能会对社会造成严重危害。因此，人们需要通过提升信息素养来规范自己的信息行为，以符合社会道德和法律的要求。

**关联图谱**

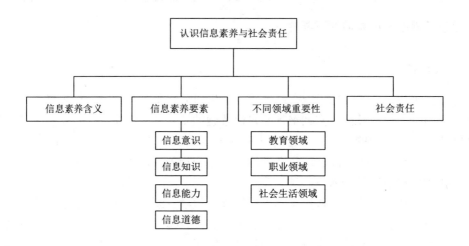

**自 测 习 题**

## 一、选择题

1. 关于信息的说法，以下叙述中正确的是（      ）。
   A. 收音机就是一种信息
   B. 一本书就是信息
   C. 一张报纸就是信息
   D. 报上登载的足球赛消息是信息

2. 多媒体信息不包括（      ）。
   A. 影像、动画　　B. 文字、图形　　C. 音频、视频　　D. 硬盘、网卡

3. 下列不属于信息素养中信息能力的是（      ）。
   A. 信息处理能力
   B. 信息获取能力
   C. 信息交流能力
   D. 信息控制能力

4. 以下体现良好信息素养与社会责任的行为是（      ）。
   A. 未经核实就转发一条耸人听闻的新闻消息
   B. 在引用他人研究成果时注明出处
   C. 随意泄露他人在网上填写的个人信息
   D. 使用盗版软件来完成自己的工作

5. 在信息时代，为了缩小数字鸿沟，信息素养高的人应该（      ）。
   A. 只关注自己获取信息的便利性
   B. 阻止他人学习新的信息技术
   C. 积极帮助信息弱势群体获取信息资源
   D. 垄断信息资源以获取经济利益

6. 当面对网络上大量的信息时，具有良好信息素养的做法是（      ）。
   A. 全盘接受所有信息　　　　　　B. 只看标题就进行评论和转发

C. 根据自己的偏见筛选信息　　　　D. 运用批判性思维评估信息的可靠性

7. 以下关于信息素养和社会责任关系的说法，正确的是（　　　）。

A. 信息素养和社会责任没有关联

B. 社会责任的履行不依赖于信息素养

C. 良好的信息素养有助于更好地履行社会责任

D. 只要有社会责任意识，不需要信息素养也能解决信息问题

8. 在学术研究中，体现信息素养和社会责任的做法是（　　　）。

A. 抄袭他人论文内容以完成自己的研究

B. 篡改实验数据来支持自己的观点

C. 按照学术规范引用和参考他人研究成果

D. 忽视前人研究成果，闭门造车

## 二、简答题

作为一名大学生，谈谈如何提高信息素养和社会责任感。

# 参 考 文 献

曹毅, 张莉莉, 刘远全, 2023. 现代信息技术基础（WPS Office）[M]. 北京：高等教育出版社.

陈哲, 2021. 信息技术基础模块[M]. 北京：高等教育出版社.

程远东, 王坤, 2023. 信息技术基础（Windows10+WPS Office）[M]. 北京：人民邮电出版社.

郭立文, 刘向锋, 2020. 信息技术基础与应用（Windows 10+Office 2016）[M]. 北京：北京理工大学出版社.

黄林国, 聂菁, 2013. 计算机应用基础项目化教程（Windows 7+Office 2010）[M]. 北京：清华大学出版社.

李方, 陈华, 王运兰, 2023. WPS 办公应用（初级）[M]. 北京：电子工业出版社.

聂庆鹏, 朱丽文, 2021. WPS 办公应用（初级）[M]. 北京：高等教育出版社.

聂庆鹏, 朱丽文, 2021. WPS 办公应用（中级）[M]. 北京：高等教育出版社.

聂庆鹏, 朱丽文, 2021. WPS 办公应用（高级）[M]. 北京：高等教育出版社.

眭碧霞, 2021. 信息技术基础（WPS Office）[M]. 2 版. 北京：高等教育出版社.

王世峰, 李健, 成亚玲, 2023. 信息技术基础（WPS Office）[M]. 北京：高等教育出版社.

武马群, 2024. 信息技术基础模块（WPS Office）（上册）[M]. 2 版. 北京：人民邮电出版社.

杨家成, 2023. 信息技术应用教程[M]. 北京：人民邮电出版社.

张敏华, 史小英, 2023. 信息技术：基础模块[M]. 2 版. 北京：人民邮电出版社.

钟琦, 廖雁, 范林秀, 2018. 办公高级应用案例教程[M]. 北京：电子工业出版社.